maths

3e

TICE

CAHIER D'ACTIVITÉS

Marc Boullis
Collège Fontcarrade, Montpellier

Yvan Monka
Collège Albert-Camus, Soufflenheim

Stéphane Percot
Collège Haxo, La Roche-sur-Yon

Nom : ....

Prénom : ....

Classe : ....

éco responsable
Bordas

Sommaire et compétences techniques utilisées

			Dans un tableur								Dans un logiciel de géométrie dynamique				
		pages	Connaître le fonctionnement	Modifier le format d'une cellule	Saisir une formule de calcul	Utiliser des fonctions dans les formules	Copier une formule (références relatives)	Copier une formule (références absolues)	Trier des données	Représenter graphiquement des données	Tracer et déplacer un objet	Afficher une mesure	Modifier les propriétés d'un objet	Appliquer une symétrie	Utiliser le tableur intégré
Séquence 1	**Découvrir un logiciel de géométrie dynamique en 3e**														
TP1	Construction d'une parabole	4									●	●	●		
TP2	Le plus court chemin n'est pas celui que l'on croit !	5									●	●			●
TP3	Des secteurs angulaires	6									●	●			
TP4	La droite d'Euler	7									●		●		
Séquence 2	**Découvrir le tableur en 3e**														
TP1	Le tableur pour calculer	8	●		●										
TP2	Le tableur pour organiser et gérer des données	9	●	●	●		●								
TP3	Le tableur pour représenter graphiquement des données	10	●		●					●					
TP4	Le tableur pour trier des données	11	●	●					●						
Séquence 3	**Arithmétique**														
TP1	Algorithme des soustractions successives	12	●		●	●	●								
TP2	Algorithme d'Euclide	13	●		●	●	●								
TP3	Des nombres premiers entre eux	14	●		●		●								
Problème 1	Ça clignote !	15	●		●		●								
Problème 2	Le code secret	15	●		●		●								
Séquence 4	**Racine carrée**														
TP1	Un carré d'aire 13	16									●	●			
TP2	La table des carrés parfaits	17	●		●		●								
TP3	L'algorithme de Héron	18	●		●	●	●	●							
Problème 1	La hauteur du triangle équilatéral	19									●	●			
Problème 2	Les cercles prisonniers	19									●	●			
Séquence 5	**Calcul littéral**														
TP1	Découverte d'identités remarquables	20	●		●		●								
TP2	Différence des carrés d'entiers consécutifs	21	●		●		●								
TP3	Différence des carrés d'impairs consécutifs	22	●		●		●								
Problème 1	Dans la table de 4	23	●		●		●								
Problème 2	Au carré	23	●		●	●	●								
Séquence 6	**Équations et inéquations**														
TP1	Programmes de calculs	24	●		●		●								
TP2	Machine à résoudre les équations	25	●		●		●								
TP3	Le graphique	26								●	●				
Problème 1	Les cadeaux	27	●		●		●								
Problème 2	Deux nombres mystérieux	27	●		●		●								
Séquence 7	**Systèmes d'équations**														
TP1	Problème à deux inconnues	28	●		●										
TP2	Résolution graphique	29									●		●		
TP3	Machine à résoudre les systèmes	30	●		●		●								
Problème 1	Des cahiers et des stylos	31	●		●		●								
Problème 2	À la ferme	31	●		●		●								
Séquence 8	**Fonctions**														
TP1	La boîte de volume maximal	32	●		●		●								
TP2	La distance d'arrêt d'une voiture	33									●	●	●		
TP3	Une boîte de conserve	34									●	●	●		
Problème 1	Un rouleau de grillage	35									●	●			
Problème 2	L'aire minimale	35									●	●			

ISBN 978-2-04-733027-2

			Dans un tableur								Dans un logiciel de géométrie dynamique				
			Connaître le fonctionnement	Modifier le format d'une cellule	Saisir une formule de calcul	Utiliser des fonctions dans les formules	Copier une formule (références relatives)	Copier une formule (références absolues)	Trier des données	Représenter graphiquement des données	Tracer et déplacer un objet	Afficher une mesure	Modifier les propriétés d'un objet	Appliquer une symétrie	Utiliser le tableur intégré
Séquence 9	**Fonctions linéaires et affines**	**pages**													
TP1	Fonctions linéaires	36									•				
TP2	Fonctions affines	37									•				
TP3	Déterminer une fonction affine	38									•	•	•		
Problème 1	Hep taxi !	39									•				
Problème 2	À la piscine	39									•				
Séquence 10	**Proportionnalité**														
TP1	Vitesse moyenne	40	•		•										
TP2	Variations successives en pourcentages	41	•		•		•								
TP3	Un train peut en croiser un autre	42	•		•										
Problème 1	Le placement de Théa	43	•		•		•								
Problème 2	Ça monte… et redescend	43	•		•		•								
Séquence 11	**Statistiques**														
TP1	Étudier une série de données	44	•		•	•			•						
TP2	Étudier une série de données sous forme de tableau	45	•		•										
TP3	Masse salariale	26	•		•	•			•						
Problème 1	Le dernier devoir	47	•		•		•								
Problème 2	Les données manquantes	47	•		•	•									
Séquence 12	**Probabilités**														
TP1	Fréquence de réalisation d'un événement	28	•		•		•								
TP2	Simulation de lancer de dés	49	•		•	•	•								
TP3	Simulation d'expérience géométrique aléatoire	50	•		•	•	•								
Problème 1	Le lièvre et la tortue	51	•		•	•	•								
Problème 2	La chasse aux canards	51	•		•	•	•								
Séquence 13	**Théorème de Thalès**														
TP1	Une nouvelle configuration	52									•	•		•	•
TP2	Découverte de la réciproque du théorème de Thalès	53									•				•
TP3	La spirale	54									•	•			
Problème 1	Avec des milieux	55									•			•	
Problème 2	Avec des cercles	55									•				
Séquence 14	**Trigonométrie - Angles - Polygones**														
TP1	Angles inscrits et au centre dans un cercle	56									•	•			
TP2	Construction d'une table de valeurs	57	•	•	•	•	•								
TP3	Une égalité à démontrer	58									•	•			
Problème 1	L'angle double	59									•	•			
Problème 2	Un lien entre sinus et cosinus	59	•		•	•	•								
Séquence 15	**Géométrie dans l'espace**														
TP1	Calcul de volumes	60	•	•	•	•									
TP2	Effet d'un agrandissement ou d'une réduction	61	•	•	•		•	•							
TP3	Pyramide en perspective cavalière	62									•	•			
Problème 1	Une boule de 10 litres	63	•		•		•								
Problème 2	Quelle hauteur ?	63	•		•		•								

Séquence 1 Découvrir un logiciel dynamique de géométrie en 3e

TP 1. Construction d'une parabole

40 min

◆ Objectif

Construire une courbe remarquable à partir d'un réseau de droites.

Difficulté technique .... ★
Difficulté mathématique .... ★

Connaissances mathématiques

- Repérage et coordonnées de point

Connaissances techniques

Dans un logiciel de géométrie dynamique :
- Tracer et déplacer un objet
- Afficher une mesure
- Modifier les propriétés d'un objet

Dans un logiciel de géométrie dynamique :

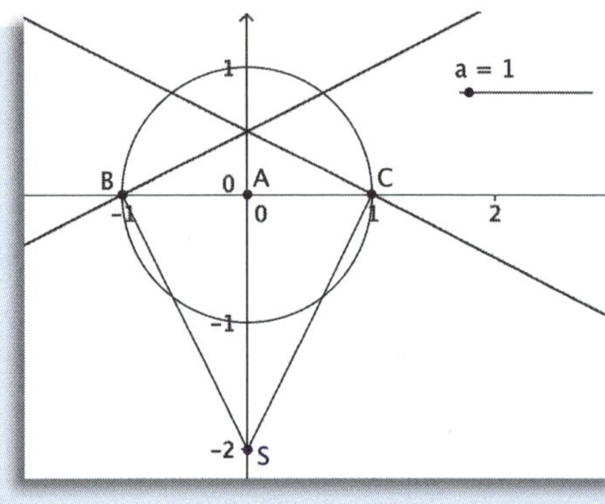

☐ **1.** Afficher les axes du repère GeoGebra. *Géométrie 23*

☐ **2.** Placer le point A à l'origine du repère. *Géométrie 2*

☐ **3.** Placer le point S de coordonnées (0 ; – 2). *Géométrie 19*

☐ **4.** Sur le haut de l'écran, créer un curseur nommé **a** de valeur minimale 0, de valeur maximale 15 et d'incrément 0,5. *Géométrie 27*

☐ **5.** Tracer le cercle de centre A et de rayon **a**. *Géométrie 13*

Info+ : *Le cercle dépend du curseur. En déplaçant le curseur, on modifie le rayon du cercle.*

☐ **6.** Ce cercle coupe l'axe des abscisses en deux points B et C. Placer B et C. *Géométrie 3*

☐ **7.** Tracer les segments [BS] et [CS]. *Géométrie 5*

☐ **8.** Construire la perpendiculaire au segment [BS] passant par B. *Géométrie 8*

☐ **9.** Construire la perpendiculaire au segment [CS] passant par C.

☐ **10.** Cacher le cercle ainsi que les segments [BS] et [CS]. *Géométrie 21*

☐ **11.** Cacher les axes du repère.

☐ **12.** Activer la trace des deux droites perpendiculaires. *Géométrie 20*

☐ **13.** Déplacer le curseur pour déplacer les points B et C et ainsi afficher un réseau de droites. Les limites de ce réseau de droites forment une parabole. *Géométrie 1*

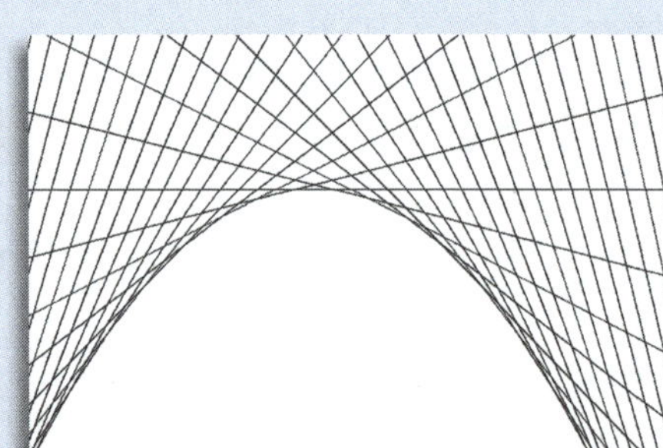

☐ **14.** Avec les instruments, réaliser de la même manière une parabole dans le cadre ci-dessous (sans faire de cercle) :

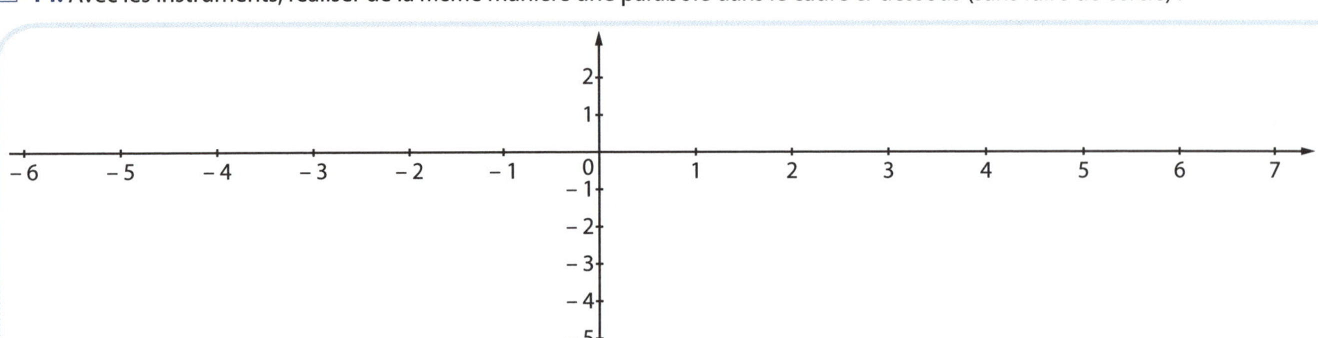

▸▸▸ Enregistrez ce fichier sous le nom **3_01_TP1_«Nom»_«Prénom»** dans votre **espace de stockage (ou ENT)**.

Évaluation du professeur

TP 2. Le plus court chemin n'est pas celui que l'on croit !

40 min

◆ **Objectif**

Conjecturer et démontrer un résultat de géométrie relatif aux longueurs de cercles.

Difficulté technique .... ★
Difficulté mathématique .... ★★

Connaissances mathématiques
- Longueur d'un cercle

Connaissances techniques

Dans un logiciel de géométrie dynamique :
- Tracer et déplacer un objet
- Afficher une mesure
- Utiliser le tableur intégré

Dans un logiciel de géométrie dynamique :

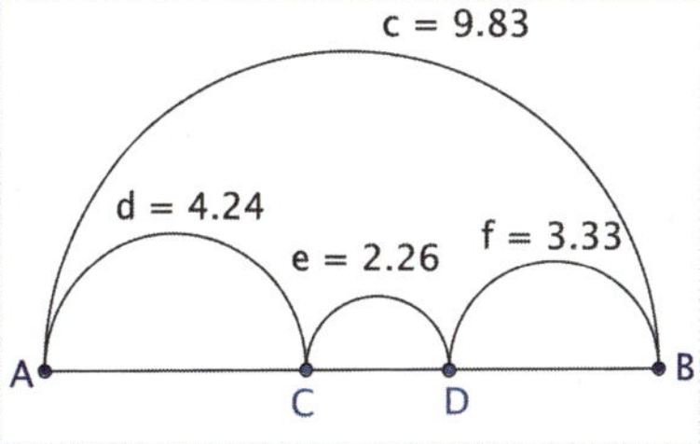

☐ **1.** Construire un segment [AB]. *Géométrie 5*

☐ **2.** Placer deux points C et D sur ce segment. *Géométrie 2*

☐ **3.** Construire le demi-cercle de diamètre [AB]. **Aide :** *Utiliser l'outil* Demi-cercle

☐ **4.** Afficher le nom de ce demi-cercle.

Aide : *Faire un clic-droit sur le demi-cercle et cocher* Afficher l'étiquette.

☐ **5.** Afficher la longueur de ce demi-cercle. *Géométrie 16*

☐ **6.** Construire également les demi-cercles de diamètres [AC], [CD] et [DB].

☐ **7.** Afficher les noms de ces demi-cercles ainsi que leurs longueurs.

☐ **8.** Ouvrir la fenêtre du tableur de GeoGebra et y reproduire les cellules A1 et A2 comme dans la capture d'écran ci-contre. *Géométrie 25*

	A	B
1	Longueur du grand demi-cercle	
2	Somme des longueurs des petits demi-cercles	

☐ **9.** Dans la cellule B1, afficher la longueur du demi-cercle de diamètre [AB].

Aide : *Saisir dans la cellule B1 le nom du demi-cercle correspondant.*

☐ **10.** Dans la cellule B2, saisir la somme des longueurs des demi-cercles de diamètres [AC], [CD] et [DB].

☐ **11.** Déplacer les points A ou B. Que constate-t-on ? ....

☐ **12.** Déplacer les points C ou D. Que constate-t-on ? ....

☐ **13.** Émettre une conjecture à partir des observations précédentes. ....

....

☐ **14.** Démontrer cette conjecture. ....

....

....

....

☐ **15.** Retrouverait-on un résultat semblable en augmentant le nombre de petits demi-cercles ? Expliquer. ....

....

▸▸▸ Enregistrez ce fichier sous le nom **3_01_TP2_«Nom»_«Prénom»** dans votre **espace de stockage (ou ENT)**.

Évaluation du professeur

TP 3. Des secteurs angulaires

30 min

◆ **Objectif**

Comparer les aires de secteurs angulaires.

Difficulté technique .... ★
Difficulté mathématique .... ★★

Connaissances mathématiques
- Aire du disque
- Proportionnalité
- Angles

Connaissances techniques

Dans un logiciel de géométrie dynamique :
- Tracer et déplacer un objet
- Afficher une mesure

MISE EN ROUTE

Dans un logiciel de géométrie dynamique :

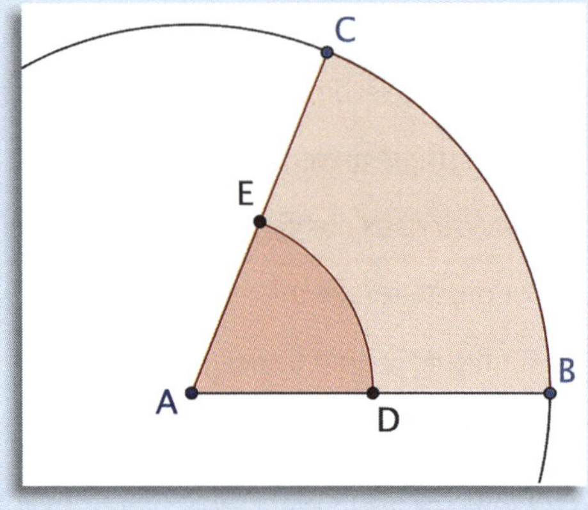

☐ **1.** Construire un segment [AB] de longueur 4. *Géométrie 6*

☐ **2.** Construire le cercle de centre A et passant par B. *Géométrie 12*

☐ **3.** Placer un point C sur le cercle. *Géométrie 2*

☐ **4.** Afficher le secteur de disque de centre A et de rayon 4 délimité par les segments [AB] et [AC].

Aide : *Utiliser l'outil* Secteur circulaire (centre-2 points) *en cliquant, dans l'ordre, sur les points A, B et C.*

☐ **5.** Afficher l'aire de ce secteur de disque. *Géométrie 17*

☐ **6.** Placer les milieux D et E des segments respectifs [AB] et [AC]. *Géométrie 4*

☐ **7.** Construire le secteur de disque de centre A et de rayon 2 délimité par les segments [AD] et [AE].

☐ **8.** Afficher l'aire de ce secteur de disque.

☐ **9.** Afficher la mesure de l'angle $\widehat{BAC}$. *Géométrie 14*

☐ **10.** Déplacer le point C et observer les aires affichées des deux secteurs de disque. Peut-on conjecturer que l'aire du grand secteur est proportionnelle à l'aire du petit secteur ? Si oui, donner le coefficient de proportionnalité.

....

....

☐ **11.** Démontrer la conjecture précédente dans le cas où l'angle $\widehat{BAC}$ est égal à 180°.

....

....

....

....

....

☐ **12.** Justifier alors qu'elle est toujours vraie, pour n'importe quelle valeur de l'angle $\widehat{BAC}$.

....

....

....

▸▸▸ Enregistrez ce fichier sous le nom **3_01_TP3_«Nom»_«Prénom»** dans votre **espace de stockage (ou ENT)**.

Évaluation du professeur

TP 4. La droite d'Euler

30 min

◆ Objectif

Découvrir une célèbre propriété de géométrie.

Difficulté technique .... ★★
Difficulté mathématique .... ★

Connaissances mathématiques

- Médiatrices, hauteurs, médianes et bissectrices d'un triangle

Connaissances techniques

Dans un logiciel de géométrie dynamique :
- Tracer et déplacer un objet
- Modifier les propriétés d'un objet

Dans un logiciel de géométrie dynamique :

☐ **1.** Construire un triangle ABC. *Géométrie 7*

☐ **2.** Construire les médiatrices des trois côtés du triangle. *Géométrie 10*

☐ **3.** Les trois médiatrices se coupent en un point O. Placer ce point O. *Géométrie 3*

☐ **4.** Modifier la couleur des médiatrices en bleu.

Aide : *Faire un clic-droit sur la médiatrice, choisir* Propriétés *et aller sur l'onglet* Couleur.

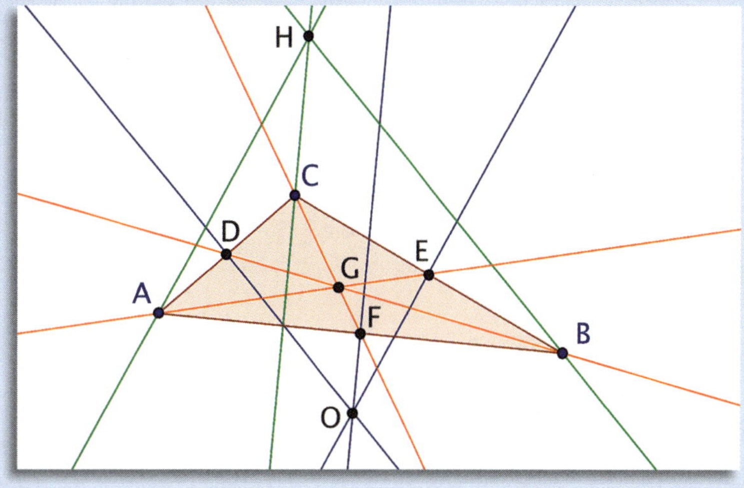

☐ **5.** Construire les trois hauteurs du triangle. *Géométrie 8*

☐ **6.** Les trois hauteurs se coupent en un point H. Placer ce point H.

☐ **7.** Modifier la couleur des hauteurs en vert.

☐ **8.** Construire les trois médianes du triangle.

☐ **9.** Les trois médianes se coupent en un point G. Placer ce point G.

☐ **10.** Modifier la couleur des médianes en orange.

☐ **11.** Construire la droite passant par les points G et H.

☐ **12.** Modifier sa couleur en rouge.

☐ **13.** Déplacer les points A, B ou C. La droite rouge, appelée **droite d'Euler**, passe par trois points remarquables de la figure. Lesquels ?

....

....

....

....

☐ **14.** Le point d'intersection des trois bissectrices des angles du triangle appartient-il à la droite d'Euler ? *Géométrie 11*

....

☐ **15.** Avec les instruments, construire, sur une feuille blanche, la droite d'Euler d'un triangle. On veillera à placer le triangle bien au centre de la feuille.

▸▸▸ Enregistrez ce fichier sous le nom **3_01_TP4_«Nom»_«Prénom»** dans votre **espace de stockage (ou ENT)**.

Évaluation du professeur

TP 1. Le tableur pour calculer

20 min

◆ Objectif

Apprendre à utiliser le tableur comme une super-calculatrice.

Difficulté technique .... ★
Difficulté mathématique .... ★

Connaissances mathématiques
- Somme de deux nombres
- Produit de deux nombres

Connaissances techniques

Dans un tableur :
- Connaître le fonctionnement
- Saisir une formule de calcul

Le tableur est un logiciel de calcul très utilisé en mathématiques et en sciences. Il se présente sous la forme d'un grand tableau comprenant des ***lignes*** *(numérotées 1, 2, 3…) et des* ***colonnes*** *(numérotées A, B, C…). L'intersection d'une ligne et d'une colonne s'appelle une* ***cellule****. Dans ces cellules, on peut écrire du texte, des nombres ou effectuer des calculs à l'aide de formules…*

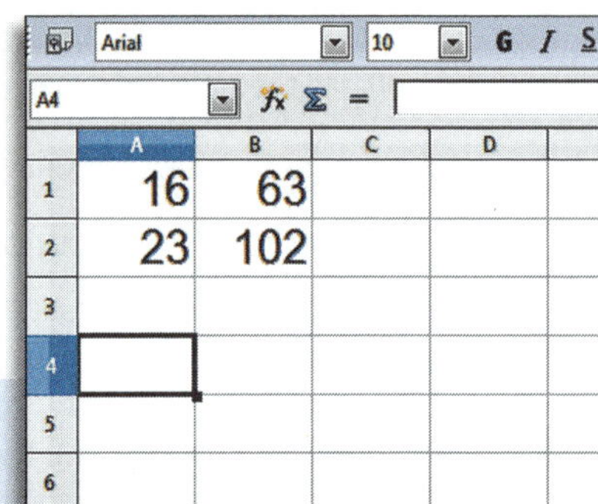

On veut calculer la somme et le produit de deux nombres.
Dans une feuille de calcul d'un tableur :

☐ **1.** Dans la cellule A1, écrire la formule =35+17.

☐ **2.** Dans la cellule B1, écrire la formule =35*17.

☐ **3.** Qu'affiche le tableur dans les cellules A1 et B1 ? ....

☐ **4.** À quoi correspondent ces nombres ? ....

☐ **5.** Cette utilisation du tableur est-elle plus pratique que celle de la calculatrice ? Pourquoi ?

....

On veut calculer la somme et le produit de plusieurs couples de nombres.

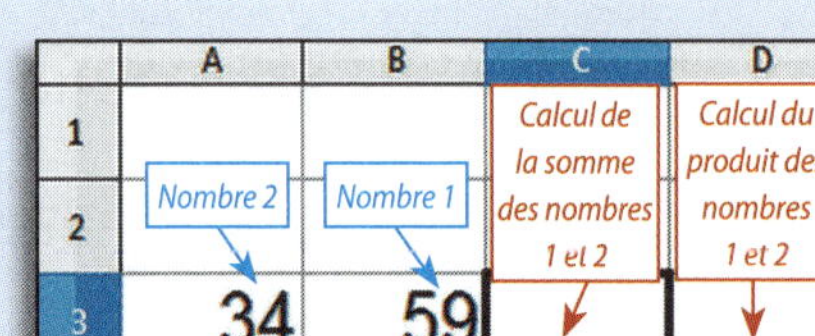

☐ **6.** Écrire le nombre 34 dans la cellule A3 et le nombre 59 dans la cellule B3.

☐ **7.** Dans la cellule C3, saisir une formule qui permet de calculer la somme des nombres écrits en A3 et en B3. *Tableur 1*
Écrire ici la formule saisie : ....

☐ **8.** Dans la cellule D3, saisir une formule qui permet de calculer le produit des nombres écrits en A3 et en B3.
Écrire ici la formule saisie : ....

☐ **9.** Changer les nombres 34 et 59 de départ (cellules A3 et B3). Que constate-t-on ? ....

☐ **10.** Quels nombres doit-on choisir dans les cellules A3 et B3 pour que leur somme (affichée en C3) soit égale à 25 et leur produit (affiché en D3) soit égal à 144 ? ....

☐ **11.** Quel avantage comportent les formules utilisant des références de cellules ? ....

....

▸▸▸ Enregistrez ce fichier sous le nom **3_02_TP1_«Nom»_«Prénom»** dans votre **espace de stockage (ou ENT)**.

Évaluation du professeur

TP 2. Le tableur pour organiser et gérer des données

20 min

◆ **Objectifs**

- Utiliser le tableur pour organiser et présenter des données.
- Utiliser des formules pour effectuer des calculs de sommes et de pourcentages.

Difficulté technique .... ★
Difficulté mathématique .... ★★

Connaissances mathématiques

- Lecture de tableaux à double entrée
- Calcul de fréquences (pourcentage)

Connaissances techniques

Dans un tableur :

- Connaître le fonctionnement
- Modifier le format d'une cellule
- Saisir une formule de calcul
- Copier une formule (références relatives)

MISE EN ROUTE

Dans le cinéma de la ville de Boksauphis, il y a quatre salles. Dans chacune des salles, on assure cinq séances par jour (11 h 00, 14 h 00, 17 h 00, 20 h 00 et 22 h 30) d'un même film. Le tableau ci-contre donne des renseignements sur le nombre de spectateurs venus assister à chacune de ces séances le 22 juin 2013.

	A	B	C	D	E
1	**nombre de spectateurs par salle et par séance**				
2	**salle**	**Salle 1 – 800 places**	**Salle 2 – 450 places**	**Salle 3 – 250 places**	**Salle 4 – 200 places**
3	*film*	*Taxi 117 contre Dc No*	*Batteuman*	*Men in red*	*La cité de la terreur*
4	11h00	546	123	78	29
5	14h00	678	259	99	17
6	17h00	712	311	123	134
7	20h00	788	368	190	145
8	22h30	567	289	211	110
9					
10	total journée				
11	moyenne par séance				
12	taux de remplissage (en %)				

Dans une feuille de calcul d'un tableur :

☐ **1.** Reproduire ce tableau en respectant les couleurs utilisées et les caractéristiques des polices (textes centrés pour toutes les cellules et en gras pour les lignes 1 et 2).

Aide : *On s'aidera des barres d'outils de mise en forme* 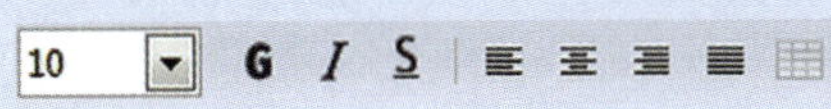 *et* 

☐ **2.** Dans la cellule B10, saisir une formule qui permet de calculer le nombre total de spectateurs du film *Taxi 117 contre Dc No* le 22 juin 2013. *Tableur 1* Écrire ici la formule saisie : ....

☐ **3.** Copier cette formule sur les cellules C10 à E10.

☐ **4.** Quel est le nombre total de spectateurs obtenu pour la salle n° 4 ? ....

☐ **5.** Dans la cellule B11, saisir une formule qui permet de calculer le nombre moyen de spectateurs ayant assisté à une séance du film *Taxi 117 contre Dc No* le 22 juin 2013. *Tableur 1* Écrire ici la formule saisie : ....

☐ **6.** Copier cette formule sur les cellules C11 à E11.

☐ **7.** Quel est le nombre moyen de spectateurs par séance obtenu pour le film *Men in red* ?

....

....

☐ **8.** Le taux de remplissage d'une salle pour une journée (en pourcentage) s'obtient en calculant la proportion entre le nombre de spectateurs réellement présents au cours de la journée dans la salle et sa capacité maximale.
Dans la cellule B12, saisir une formule qui permet de calculer le taux de remplissage de la salle 1 pour cette journée.
Écrire ici la formule saisie : ....

☐ **9.** Quel est le taux obtenu pour la salle 1 ? ....

Aide : *Le bouton* % *permet d'appliquer le format Pourcentage à la cellule sélectionnée.*

▸▸▸ Enregistrez ce fichier sous le nom **3_02_TP2_«Nom»_«Prénom»** dans votre espace de stockage (ou ENT).

Évaluation du professeur

TP 3. Le tableur pour représenter graphiquement des données

20 min

◆ **Objectif**

Utiliser le tableur pour construire un diagramme.

Difficulté technique .... ★★
Difficulté mathématique .... ★

Connaissances mathématiques

- Diagramme à barres

Connaissances techniques

Dans un tableur :
- Connaître le fonctionnement
- Saisir une formule de calcul
- Représenter graphiquement des données

En vacances aux Sables-d'Olonne, Hindy décide de noter dans un tableau les températures de la journée du 1er août 2013.

	A	B
1	horaire	température (en °C)
2	08:00:00	18
3	10:00:00	23
4	12:00:00	29
5	14:00:00	21
6	16:00:00	33
7	18:00:00	30
8	20:00:00	27
9		
10	moyenne	

Dans une feuille de calcul d'un tableur :

☐ **1.** Reproduire ce tableau.

Aide : *Pour éviter de saisir les heures de la journée, on peut utiliser la poignée de recopie comme lorsque l'on crée une liste de nombres.*

☐ **2.** Dans la cellule B10, saisir une formule qui permet de calculer la température moyenne au cours de la journée. *Tableur 1 et 6*
Écrire ici la formule saisie : ....

☐ **3.** Quelle est cette température moyenne ? ....

☐ **4.** Construire un graphique permettant de représenter graphiquement l'évolution de la température au cours de la journée. *Tableur 4*

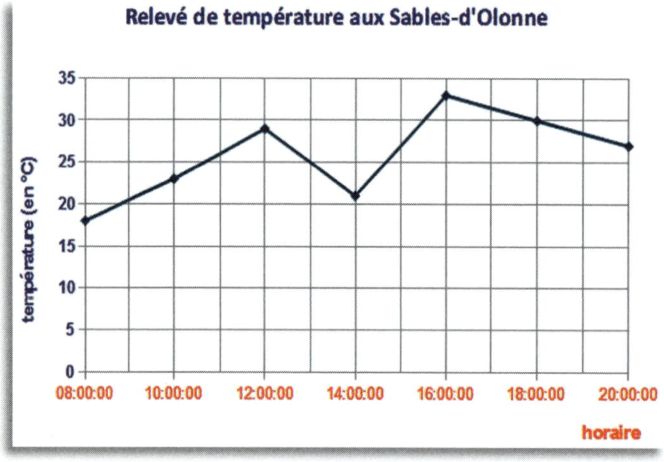

☐ **5.** Hindy a fait une erreur de relevé. La température enregistrée à 14 h 00 n'était pas de 21 °C mais de 31 °C. Corriger cette donnée et observer les modifications pour la moyenne et le graphique. Que remarque-t-on ?

....

....

....

☐ **6.** Imaginer les sept températures d'une journée de 8 h à 20 h dont la minimale est de 15 °C, la maximale de 23 °C et dont la moyenne est de 20 °C.

▸▸▸ Enregistrez ce fichier sous le nom **3_02_TP3_«Nom»_«Prénom»** dans votre **espace de stockage (ou ENT).**

Évaluation du professeur

TP 4. Le tableur pour trier des données

20 min

◆ **Objectifs**

- Utiliser le tableur pour trier des données.
- Apprendre à utiliser le tableur pour écrire facilement une liste de valeurs.

Difficulté technique .... ★★
Difficulté mathématique .... ★

Connaissances mathématiques

- Manipulation et tri de données

Connaissances techniques

Dans un tableur :
- Connaître le fonctionnement
- Modifier le format d'une cellule
- Trier des données

Six amies vendent et achètent des objets sur Internet. Elles enregistrent leurs achats et leurs ventes dans le tableau ci-dessous.

	A	B	C
1	jour	achats	ventes
2	Camille	124,00 €	312,25 €
3	Léa	54,00 €	117,00 €
4	Clémence	345,00 €	567,00 €
5	Taïs	123,00 €	231,00 €
6	Lisa	67,80 €	345,00 €
7	Noémie	121,15 €	356,70 €

Dans une feuille de calcul d'un tableur :

☐ **1.** Reproduire le tableau ci-contre en respectant les couleurs utilisées.

☐ **2.** Sélectionner l'ensemble des cellules de A1 à C7 et trier le tableau par ordre alphabétique des prénoms. *Tableur 5*

☐ **3.** Quel est l'ordre obtenu ?

....

☐ **4.** Trier ensuite le tableau par ordre croissant du montant des achats de chaque personne.

☐ **5.** Quel est l'ordre ainsi obtenu ?

....

☐ **6.** Puis trier le tableau par ordre croissant du montant des ventes de chaque personne.

☐ **7.** Quel est le nouvel ordre obtenu ?

....

Pour suivre leurs ventes, les six amies ont passé beaucoup de temps sur Internet. Le temps de connexion de chacune d'elles est noté dans le tableau ci-dessous.

	A	B
1	jour	temps de connexion
2	Camille	01:25:36
3	Léa	00:59:35
4	Clémence	02:18:47
5	Taïs	01:45:48
6	Lisa	00:58:26
7	Noémie	00:48:54

☐ **8.** Dans une autre feuille de calcul, reproduire ces données. *Tableur 8*

Aide : *Il faut respecter le format « hh:mm:ss » pour saisir au clavier des nombres au format Horaire (**hh** désigne le nombre d'heures, **mm** le nombre de minutes, **ss** le nombre de secondes).*

☐ **9.** Classer ces temps de connexion dans l'ordre décroissant.

☐ **10.** Écrire ces temps de connexion du plus court au plus long :

....

....

▸▸▸ Enregistrez ce fichier sous le nom **3_02_TP4_«Nom»_«Prénom»** dans votre **espace de stockage** (ou ENT).

Évaluation du professeur

TP 1. Algorithme des soustractions successives

30 min

◆ **Objectif**

Construire une feuille de calcul permettant d'obtenir rapidement le PGCD de deux nombres par l'algorithme des soustractions successives.

Difficulté technique .... ★
Difficulté mathématique .... ★

Connaissances mathématiques

- Définition du PGCD de deux nombres
- Algorithme des soustractions successives
- Définition d'une fraction irréductible

Connaissances techniques

Dans un tableur :

- Connaître le fonctionnement
- Saisir une formule de calcul
- Utiliser des fonctions dans les formules
- Copier une formule (références relatives)

Dans une feuille de calcul d'un tableur :

	A	B	C
1	Nombre 1	Nombre 2	Différence
2	21472	13664	7808
3	13664	7808	5856
4	7808	5856	1952
5	5856	1952	3904
6	3904	1952	1952
7	1952	1952	0

☐ **1.** Reproduire les cellules A1, A2, B1, B2 et C1 de la feuille de calcul ci-contre.

☐ **2.** Dans la cellule C2, saisir une formule qui permet d'afficher la différence des nombres contenus en A2 et B2. *Tableur 1*
Écrire ici la formule saisie : ....

☐ **3.** Dans la cellule A3, saisir une formule qui permet d'afficher le plus grand des deux nombres contenus dans les cellules B2 et C2.
Écrire ici la formule saisie : ....

Aide : *Utiliser les fonctions « MAX() » ou « MIN() » du tableur pour afficher le plus grand ou le plus petit nombre d'une liste de nombres.* *Tableur 6*

☐ **4.** Dans la cellule B3, saisir une formule qui permet d'afficher le plus petit des deux nombres contenus dans les cellules B2 et C2.
Écrire ici la formule saisie : ....

☐ **5.** Copier la cellule C2 dans la cellule C3 pour obtenir à nouveau la différence des deux nombres contenus dans les colonnes A et B.

☐ **6.** Recopier les cellules A3, B3 et C3 sur les lignes 4, 5, 6 et 7. *Tableur 2*

☐ **7.** Expliquer pourquoi, avec les nombres 21 472 et 13 664, il suffit de copier ces formules jusqu'à la ligne 7 pour connaître le PGCD de ces deux nombres. Quel est ce PGCD ? ....

....

☐ **8.** En utilisant cette feuille de calcul, déterminer le PGCD de 76 927 et 55 459. ....

☐ **9.** En utilisant cette feuille de calcul, déterminer le PGCD de 78 078 et 74 334. ....

☐ **10.** En déduire la fraction irréductible égale à $\frac{74\,334}{78\,078}$: ....

☐ **11.** Les nombres 315 888 et 213 001 sont-ils premiers entre eux ? Expliquer. ....

....

☐ **12.** Trouver un nombre premier avec 510 510. Justifier la réponse. ....

....

▸▸▸ Enregistrez ce fichier sous le nom **3_03_TP1_«Nom»_«Prénom»** dans votre **espace de stockage (ou ENT)**.

Évaluation du professeur

TP 2. Algorithme d'Euclide

30 min

◆ Objectif

Construire une feuille de calcul permettant d'obtenir très rapidement le PGCD de deux nombres par l'algorithme d'Euclide.

Difficulté technique........................ ★★
Difficulté mathématique...................... ★

Connaissances mathématiques

- Définition du PGCD de deux nombres
- Algorithme d'Euclide
- Définition de deux nombres premiers entre eux
- Définition d'une fraction irréductible

Connaissances techniques

Dans un tableur :

- Connaître le fonctionnement
- Saisir une formule de calcul
- Utiliser des fonctions dans les formules
- Copier une formule (références relatives)

	A	B	C	D
1	Nombre 1	154232		
2	Nombre 2	182548		
3				
4	Dividende	Diviseur	Quotient	Reste
5	182548	154232	1	28316
6	154232	28316	5	12652
7	28316	12652	2	3012
8	12652	3012	4	604
9	3012	604	4	596
10	604	596	1	8
11	596	8	74	4
12	8	4	2	0

Dans une feuille de calcul d'un tableur :

☐ **1.** Reproduire les quatre premières lignes de cette feuille de calcul.

☐ **2.** Dans les cellules A5 et B5, saisir des formules qui permettent d'afficher respectivement le plus grand et le plus petit des deux nombres contenus dans les cellules B1 et B2. *Tableur 1*
– Écrire ici la formule saisie en A5 : ....
– Écrire ici la formule saisie en B5 : ....

☐ **3.** Dans les cellules C5 et D5, saisir des formules qui permettent d'afficher respectivement le quotient et le reste de la division euclidienne de ces deux nombres.
– Écrire ici la formule saisie en C5 : ....
– Écrire ici la formule saisie en D5 : ....

Aide : *On peut utiliser les fonctions « ENT() », « MOD() » ou « QUOTIENT() » du tableur.* *Tableur 6*

☐ **4.** Dans les cellules A6 et B6, saisir des formules permettant d'afficher le dividende et le diviseur de la nouvelle division à effectuer dans l'algorithme d'Euclide.
– Écrire ici la formule saisie en A6 : ....
– Écrire ici la formule saisie en B6 : ....

☐ **5.** Recopier les cellules nécessaires afin d'obtenir la feuille de calcul ci-dessus. *Tableur 2*

☐ **6.** En observant la feuille de calcul ainsi construite, déterminer le PGCD de 154 232 et 182 548.

....

☐ **7.** En utilisant cette feuille de calcul, déterminer le PGCD de 1 234 568 et 1 987 654.

....

☐ **8.** Déterminer la fraction irréductible égale à $\frac{8\,120\,166\,784}{153\,251\,104}$.

....

....

☐ **9.** Les nombres 7 258 456 et 2 587 489 sont-ils premiers entre eux ? Expliquer. ....

....

▸▸▸ Enregistrez ce fichier sous le nom **3_03_TP2_«Nom»_«Prénom»** dans votre **espace de stockage (ou ENT)**.

Évaluation du professeur

UNE APPLICATION

TP 3. Des nombres premiers entre eux

30 min

◆ **Objectif**

Étudier pour différentes valeurs du nombre n le PGCD des nombres $n+1$ et $2n+1$.

Difficulté technique .... ★
Difficulté mathématique .... ★★★

Connaissances mathématiques
- Définition du PGCD de deux nombres
- Définition de deux nombres premiers entre eux

Connaissances techniques
- Saisir une formule de calcul
- Copier une formule (références relatives)

Dans une feuille de calcul d'un tableur :

	A	B	C	D
1	n	n+1	2n+1	PGCD
2				

☐ **1.** Recopier la première ligne de la feuille de calcul ci-contre.

☐ **2.** Dans la colonne A, faire apparaître la liste des nombres entiers allant de 1 à 100. *Tableur 3*

☐ **3.** Dans la cellule B2, entrer une formule permettant de calculer la valeur de $n+1$ en fonction de la valeur de n contenue dans la cellule A2. *Tableur 1*
Écrire ici la formule saisie : ....

☐ **4.** Recopier cette formule sur toute la colonne B. *Tableur 2*

☐ **5.** Dans la cellule C2, entrer une formule permettant de calculer la valeur de $2n+1$ en fonction de la valeur de n contenue dans la cellule A2. Recopier cette formule sur toute la colonne C.
Écrire ici la formule saisie : ....

☐ **6.** Dans la cellule D2, entrer une formule permettant de calculer le PGCD des deux nombres contenus dans les cellules B2 et C2. Recopier cette formule sur toute la colonne D.
Écrire ici la formule saisie : ....

☐ **7.** En observant cette feuille de calcul, que peut-on conjecturer ? ....

☐ **8.** À l'aide de la feuille de calcul, tester cette conjecture pour une centaine d'autres nombres entiers n. Cette conjecture semble-t-elle toujours être vraie ? ....

☐ **9.** En supposant qu'un nombre d soit un diviseur commun de $n+1$ et $2n+1$, expliquer pourquoi d est également un diviseur de $2 \times (n+1) - (2n+1)$. ....

....

☐ **10.** Développer et réduire $2 \times (n+1) - (2n+1)$. ....

....

☐ **11.** Déduire des deux questions précédentes les valeurs possibles d'un nombre d, diviseur commun de $n+1$ et $2n+1$.

....

☐ **12.** Que peut-on en déduire pour tous les nombres $n+1$ et $2n+1$, quelle que soit la valeur de l'entier n ?

....

☐ **13.** Trouver rapidement un nombre entier qui soit premier avec le nombre 123 456 789.

....

☐ **14.** Trouver une fraction irréductible supérieure à 1 dont le numérateur est 2 469 579.

....

▸▸ Enregistrez ce fichier sous le nom **3_03_TP3_«Nom»_«Prénom»** dans votre **espace de stockage** (ou ENT).

Évaluation du professeur

Problème 1. Ça clignote !

20 min

Vidéo

◆ **Objectif**

Résoudre un problème de clignotement périodique simultané.

Difficulté technique .... ★
Difficulté mathématique .... ★★

Deux ampoules clignotent. L'une s'allume toutes les 153 secondes et l'autre toutes les 187 secondes. À midi pile, elles s'allument ensemble.

– Basile affirme que la prochaine fois qu'elles clignoteront ensemble, il sera 19 h 56 min 51 s.

– Arthur dit qu'il est prêt à parier qu'elles clignoteront ensemble avant 13 h.

■ **Qui a raison ? Quelle heure sera-t-il précisément quand elles clignoteront ensemble la prochaine fois ?**

Utiliser ce cadre pour rédiger la réponse.

►►► Enregistrez ce fichier sous le nom **3_03_PR1_«Nom»_«Prénom»** dans votre **espace de stockage (ou ENT).**

Évaluation du professeur

Problème 2. Le code secret

30 min

Vidéo

◆ **Objectif**

Mettre en œuvre ses connaissances mathématiques et techniques pour résoudre un problème.

Difficulté technique .... ★★
Difficulté mathématique .... ★★

Wendy aime bien les énigmes mais elle n'arrive pas à résoudre celle posée ce matin par son grand-père.
Elle doit trouver un code secret à huit chiffres. Pour l'aider, son grand-père lui a donné les indices suivants :

– le code secret est égal au produit de deux nombres dont la somme est 12 340 et dont le PGCD est 1 234 ;

– le dernier chiffre de ce code secret est un 6.

■ **Aider Wendy à retrouver ce code secret.**

Utiliser ce cadre pour rédiger la réponse.

►►► Enregistrez ce fichier sous le nom **3_03_PR2_«Nom»_«Prénom»** dans votre **espace de stockage (ou ENT).**

Évaluation du professeur

TP 1. Un carré d'aire 13

40 min

◆ Objectif

Découvrir l'existence de nouveaux nombres et résoudre un problème géométrique.

Difficulté technique .... ★
Difficulté mathématique .... ★★

Connaissances mathématiques

- Égalité de Pythagore
- Propriétés du carré
- Aire d'un carré

Connaissances techniques

Dans un logiciel de géométrie dynamique :

- Tracer et déplacer un objet
- Afficher une mesure

Alexandre se demande comment tracer un carré dont l'aire serait exactement de 13 cm². Pour le savoir, il va s'aider d'un ordinateur.

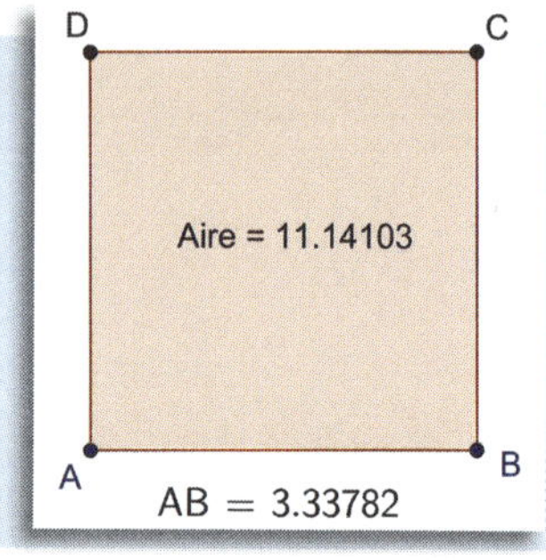

Dans un logiciel de géométrie dynamique :

☐ **1.** Construire un carré ABCD.

Aide : *On pourra utiliser l'outil* Polygone régulier

☐ **2.** Afficher la longueur AB. *Géométrie 16*

☐ **3.** Afficher l'aire du carré ABCD. *Géométrie 17*

☐ **4.** Déplacer le point B pour que l'aire du carré ABCD soit le plus proche possible de 13.
Quelle alors la longueur de AB ? ....

☐ **5.** Est-ce qu'un carré ayant pour côté, en cm, la longueur trouvée à la question précédente a une aire exactement égale à 13 cm² ?
Expliquer. ....

☐ **6.** Semble-t-on pouvoir trouver une valeur de AB pour laquelle l'aire du carré ABCD est exactement égale à 13 ? Expliquer.

....

Aide : *On pourra changer le nombre de décimales affichées en allant dans* Options, *puis* Arrondi.

☐ **7.** À côté du carré ABCD, tracer un segment [EF] de longueur 3. *Géométrie 6*

☐ **8.** Tracer la droite perpendiculaire à [EF] passant par E. *Géométrie 8*

☐ **9.** Tracer le cercle de centre E et de rayon 2. *Géométrie 13*

☐ **10.** Ce cercle coupe la perpendiculaire précédemment tracée en un point G. Placer ce point G. *Géométrie 3*

☐ **11.** Construire le carré GFHI.

☐ **12.** Afficher l'aire du carré GFHI.

☐ **13.** Démontrer que l'aire du carré GHFI est bien exactement égale à 13. ....

....

☐ **14.** Quelle est donc la longueur AB cherchée dans les premières questions ? Que sait-on de manière certaine sur la longueur AB ?

....

☐ **15.** Compléter l'égalité suivante avec la notation donnée par le professeur : AB = ...

▸▸▸ Enregistrez ce fichier sous le nom **3_04_TP1_«Nom»_«Prénom»** dans votre **espace de stockage (ou ENT)**.

Évaluation du professeur

TP 2. La table des carrés parfaits

30 min

◆ **Objectif**

Construire la table des carrés des entiers inférieurs à 15 et utiliser cette table dans différentes situations.

Difficulté technique ★
Difficulté mathématique ★

Connaissances mathématiques
- Carré d'un nombre
- Multiplication et division par 10, 100, 1 000

Connaissances techniques
Dans un tableur :
- Connaître le fonctionnement
- Saisir une formule de calcul
- Copier une formule (références relatives)

Dans une feuille de calcul d'un tableur :

☐ **1.** Reproduire le tableau ci-contre. *Tableur 3*

	A	B
1	x	x^2
2	0	
3	1	
4	2	
5	3	
6	4	
7	5	
8	6	
9	7	
10	8	
11	9	
12	10	
13	11	
14	12	
15	13	
16	14	
17	15	

☐ **2.** Dans la cellule B2, saisir une formule qui permet de calculer le carré du nombre contenu dans la cellule A2.
Écrire ici la formule saisie : ....

☐ **3.** Recopier cette formule sur les cellules B3 à B17. *Tableur 2*

☐ **4.** En utilisant la feuille de calcul ainsi construite, compléter le tableau ci-dessous :

x	0	1	2	3	4	5	6	7	8	9	10	11	12	13	14	15
x^2																

☐ **5.** En utilisant ce tableau, compléter les égalités suivantes :

- $7^2 =$ ......
- ......$^2 = 196$
- $12^2 =$ ......
- ......$^2 = 225$
- $\sqrt{81} =$ ......
- $\sqrt{......} = 6$
- $\sqrt{169} =$ ......
- $\sqrt{......} = 8$

☐ **6.** En observant la feuille de calcul, compléter les égalités suivantes :

- $\sqrt{0{,}25} =$ ......
- $\sqrt{19\,600} =$ ......
- $\sqrt{1{,}21} =$ ....
- $\sqrt{1\,440\,000} =$ ....
- $\sqrt{.........} = 0{,}7$
- $\sqrt{.........} = 800$
- $\sqrt{.........} = 0{,}03$
- $\sqrt{.........} = 130$

☐ **7.** Dans la colonne A, prolonger la liste des nombres entiers jusqu'à 100.

☐ **8.** Dans la colonne B, recopier la formule permettant de calculer le carré de ces entiers.

☐ **9.** Quelles semblent être les seules possibilités pour le chiffre des unités du carré d'un nombre entier ?

....

....

☐ **10.** Démontrer cette conjecture.

....

....

....

....

▸▸▸ Enregistrez ce fichier sous le nom **3_04_TP2_«Nom»_«Prénom»** dans votre espace de stockage (ou ENT).

Évaluation du professeur

TP 3. L'algorithme de Héron

30 min

◆ **Objectifs**

- Programmer un algorithme afin de trouver une valeur approchée de la racine carrée d'un nombre.
- Utiliser des références absolues dans les formules.

Difficulté technique.......................... ★★
Difficulté mathématique...................... ★

Connaissances mathématiques

- Racine carrée d'un nombre
- Moyenne de deux nombres

Connaissances techniques

Dans un tableur :

- Connaître le fonctionnement
- Saisir une formule de calcul
- Utiliser des fonctions dans les formules
- Copier une formule (références relatives)
- Copier une formule (références absolues)

Info⁺ : *Un* ***algorithme*** *est une suite d'actions que l'on répète un certain nombre de fois jusqu'à ce que l'on obtienne le résultat attendu.*

L'algorithme de Héron permet de trouver une valeur approchée de la racine carrée d'un nombre *a*, à un rang donné :

Étape 1 : On prend une valeur approchée x de $\sqrt{a}$.

Étape 2 : On calcule la moyenne de x et de $\frac{a}{x}$.

Étape 3 : Ce résultat est une nouvelle valeur approchée de $\sqrt{a}$, on recommence à l'**Étape 1** avec cette nouvelle valeur.

Nous allons programmer cet algorithme dans un tableur et trouver une valeur approchée de $\sqrt{147}$.

Dans une feuille de calcul d'un tableur :

	A	B
1	Nombre a	
2	Valeur approchée	
3		

☐ **1.** Reproduire les deux premières lignes du tableau ci-contre.

☐ **2.** Dans la cellule B1, saisir 147. C'est le nombre dont on cherche une valeur approchée de la racine carrée.

☐ **3.** Proposer une valeur approchée de $\sqrt{147}$, peu importe si elle est précise ou non, et saisir cette valeur dans la cellule B2.

☐ **4.** Dans la cellule B3, saisir une formule qui permet de calculer la moyenne entre la valeur approchée x (affichée en B2) et le quotient du nombre *a* (affiché en B1) par x. *Tableur 1 et 6* **Aide :** *On peut utiliser la fonction « MOYENNE » du tableur.*
Écrire ici la formule saisie : ....

On veut maintenant recopier cette formule dans la colonne B afin de reproduire l'algorithme de Héron. Ainsi chaque valeur approchée obtenue sera réutilisée comme telle dans la case en dessous. En revanche, la formule doit toujours faire appel au nombre contenu dans la cellule B1 : c'est le nombre dont on cherche une valeur approchée de la racine carrée.

Aide : *Pour que ce soit bien le cas, même après avoir copié la formule, il faut figer la référence à la cellule B1 en utilisant le symbole $.*

☐ **5.** Modifier la formule saisie dans la cellule B3 en remplaçant B1 par B1 et recopier cette formule sur toute la colonne B. *Tableur 2*
Écrire ici les formules qui se trouvent en B3, B4 et B5. ....

....

☐ **6.** Proposer une valeur approchée aussi précise que possible de $\sqrt{147}$.

....

☐ **7.** En utilisant la feuille de calcul ainsi construite, compléter :

- $\sqrt{2\,013} \approx$ ....
- $\sqrt{6\,543} \approx$ ....
- $\sqrt{103\,245} \approx$ ....
- $\sqrt{314} \approx$ ....
- $\sqrt{16\,897} \approx$ ....

▸▸▸ Enregistrez ce fichier sous le nom **3_04_TP3_«Nom»_«Prénom»** dans votre **espace de stockage (ou ENT)**.

Évaluation du professeur

Problème 1. La hauteur du triangle équilatéral

30 min — Vidéo

◆ Objectif

Conjecturer et démontrer une formule permettant de calculer facilement la longueur de la hauteur d'un triangle équilatéral.

Difficulté technique .... ★★
Difficulté mathématique .... ★★

À l'aide d'un logiciel de géométrie dynamique, tracer un triangle équilatéral et émettre une conjecture sur la longueur de la hauteur d'un triangle équilatéral par rapport à la longueur d'un côté de ce triangle.

■ **Démontrer cette conjecture et en déduire une formule de calcul simple de l'aire d'un triangle équilatéral en fonction de la longueur d'un de ses côtés.**

Utiliser ce cadre pour rédiger la réponse.

▸▸▸ Enregistrez ce fichier sous le nom **3_04_PR1_«Nom»_«Prénom»** dans votre **espace de stockage (ou ENT)**.

Évaluation du professeur

Problème 2. Les cercles prisonniers

40 min — Vidéo

◆ Objectif

Conjecturer à l'aide d'un logiciel et démontrer une propriété d'une figure géométrique.

Difficulté technique .... ★★
Difficulté mathématique .... ★★★

Deux cercles de même rayon sont inscrits dans un carré. Ils sont tangents aux côtés du carré et aussi tangents l'un à l'autre.

■ **À l'aide d'un logiciel de géométrie dynamique, déterminer si le rayon de ces cercles semble proportionnel au côté du carré. Si oui, quel semble être le coefficient de proportionnalité ? Démontrer cette conjecture.**

Aide : $\sqrt{2} \approx 1,414213562$.

Utiliser ce cadre pour rédiger la réponse.

▸▸▸ Enregistrez ce fichier sous le nom **3_04_PR2_«Nom»_«Prénom»** dans votre **espace de stockage (ou ENT)**.

Évaluation du professeur

PRISE D'INITIATIVES

TP 1. Découverte d'identités remarquables

30 min

◆ **Objectif**

Conjecturer des égalités à l'aide du tableur et les démontrer.

Difficulté technique .... ★
Difficulté mathématique .... ★

Connaissances mathématiques
- Identités remarquables
- Production et utilisation d'une expression littérale

Connaissances techniques

Dans un tableur :
- Connaître le fonctionnement
- Saisir une formule de calcul
- Copier une formule (références relatives)

	A	B	C	D	E	F	G	H
1	a	b	a+b	(a+b)²	a²	2ab	b²	a²+2ab+b²
2								
3								
4								
5								
6								
7								
8								
9								
10								

Dans une feuille de calcul d'un tableur :

☐ **1.** Reproduire le tableau ci-contre.

☐ **2.** Dans les cellules A2 et B2, saisir deux nombres quelconques.

☐ **3.** Dans la cellule C2, saisir une formule qui permet de calculer la somme des nombres affichés en A2 et B2. *Tableur 1*
Écrire ici la formule saisie : ....

☐ **4.** Dans la cellule D2, saisir une formule qui permet de calculer le carré de la somme calculée en C2.
Écrire ici la formule saisie : ....

Aide : *On peut utiliser le symbole « ^ » du clavier.*

☐ **5.** Dans la cellule E2, saisir une formule qui permet de calculer le carré du nombre affiché en A2.
Écrire ici la formule saisie : ....

☐ **6.** Dans la cellule F2, saisir une formule qui permet de calculer le double du produit des nombres affichés en A2 et B2.
Écrire ici la formule saisie : ....

☐ **7.** Dans la cellule G2, saisir une formule qui permet de calculer le carré du nombre affiché en B2.
Écrire ici la formule saisie : ....

☐ **8.** Dans la cellule H2, saisir une formule qui permet de calculer la somme des nombres affichés en E2, F2 et G2.
Écrire ici la formule saisie : ....

☐ **9.** Saisir plusieurs nombres quelconques, entiers ou décimaux, dans les cellules A3 à A10 et B3 à B10.

☐ **10.** Copier les formules contenues dans les cellules C2 à H2 sur les huit lignes en dessous jusqu'aux cellules C10 à H10. *Tableur 2*

☐ **11.** Que peut-on conjecturer ? ....

☐ **12.** En remarquant que $(a+b)^2 = (a+b) \times (a+b)$, montrer que cette conjecture est toujours vraie.

....

....

☐ **13.** Trouver, dans le même esprit, une égalité permettant de calculer rapidement $(a-b)^2$.

....

....

▸▸▸ Enregistrez ce fichier sous le nom **3_05_TP1_«Nom»_«Prénom»** dans votre **espace de stockage (ou ENT)**.

Évaluation du professeur

TP 2. Différence des carrés d'entiers consécutifs

30 min

◆ **Objectif**

Conjecturer une propriété sur la différence des carrés de deux entiers consécutifs et prouver cette propriété.

Difficulté technique .... ★
Difficulté mathématique .... ★★

Connaissances mathématiques
- Identités remarquables
- Production et utilisation d'une expression littérale

Connaissances techniques

Dans un tableur :
- Connaître le fonctionnement
- Saisir une formule de calcul
- Copier une formule (références relatives)

Le but de ce TP est d'étudier la différence des carrés de deux entiers consécutifs.

Aide : Consécutifs *signifie « qui se suivent ». Par exemple, 13 et 14 sont des entiers* **consécutifs.**

Dans une feuille de calcul d'un tableur :

☐ **1.** Reproduire la première ligne de la feuille de calcul ci-contre.

	A	B	C
1	x	$x+1$	$(x+1)^2 - x^2$
2	1	2	
3	2	3	
4	3	4	
5	4	5	

☐ **2.** Dans la colonne A, créer la liste des nombres entiers de 1 à 50. *Tableur 3*

☐ **3.** Dans la colonne B, créer la liste des entiers qui suivent ceux de la colonne A.

☐ **4.** Dans la cellule C2, saisir une formule qui permet de calculer la différence des carrés des nombres contenus dans les cellules B2 et A2. *Tableur 1*

Écrire ici la formule saisie : ....

Aide : *On peut utiliser le symbole « ^ » du clavier.*

☐ **5.** Copier cette formule sur les cellules de la colonne C. *Tableur 2*

☐ **6.** Que remarque-t-on ? Quelle conjecture peut-on faire quant à la différence des carrés de deux nombres entiers consécutifs ?

....

....

☐ **7.** On appelle x le nombre choisi au départ. Écrire, en fonction de x, l'entier qui lui est consécutif.

....

☐ **8.** Écrire une expression, en fonction de x, traduisant la différence des carrés de deux nombres entiers consécutifs.

....

☐ **9.** Développer et réduire cette expression et en déduire que la conjecture formulée à la question **6** est toujours vraie.

....

....

☐ **10.** Qu'en est-il si l'on calcule la différence des carrés de deux entiers non forcément consécutifs ?

....

....

....

►►► Enregistrer ce fichier sous le nom **3_05_TP2_«Nom»_«Prénom»** dans votre **espace de stockage (ou ENT)**.

Évaluation du professeur

TP 3. Différence des carrés d'impairs consécutifs

30 min

◆ Objectif

Conjecturer et démontrer une propriété mathématique.

Difficulté technique ★
Difficulté mathématique ★★

Connaissances mathématiques

- Identités remarquables
- Production et utilisation d'une expression littérale

Connaissances techniques

Dans un tableur :
- Connaître le fonctionnement
- Saisir une formule de calcul
- Copier une formule (références relatives)

UNE APPLICATION

Frédéric affirme que la différence des carrés de deux nombres impairs consécutifs est toujours un multiple de 8.
Agnès reste perplexe devant cette affirmation. Nous allons aider ces deux élèves à se mettre d'accord.

	A	B
1	1	Différence des carrés
2	3	
3	5	
4	7	
5	9	
6	11	

Dans une feuille de calcul d'un tableur :

☐ **1.** Créer dans les cellules A2 à A50 la liste des nombres impairs allant de 1 à 99. *Tableur 3*

☐ **2.** Reproduire la cellule B1 ci-contre.

☐ **3.** Dans la cellule B2, saisir une formule qui permet de calculer la différence des carrés des nombres contenus dans les cellules A2 et A1. *Tableur 1*
Écrire ici la formule saisie : ....

☐ **4.** Recopier cette formule sur les cellules B3 à B50. *Tableur 2*

☐ **5.** Que remarque-t-on ? Quelle conjecture peut-on formuler ? ....

On note *n* un nombre entier.

☐ **6.** Expliquer pourquoi $2n$ désigne toujours un nombre pair.

....

☐ **7.** Expliquer pourquoi $2n + 1$ désigne toujours un nombre impair.

....

☐ **8.** Exprimer, en fonction de n, l'entier impair qui suit l'entier $2n + 1$.

....

☐ **9.** Proposer une expression, en fonction de n, qui désigne la différence des carrés de deux nombres impairs consécutifs.

....

☐ **10.** En développant et/ou factorisant cette expression, montrer que ce nombre est toujours un multiple de 8, c'est-à-dire qu'il peut s'écrire comme le produit de 8 et d'un nombre entier.

....

....

....

....

▸▸▸ Enregistrez ce fichier sous le nom **3_05_TP3_«Nom»_«Prénom»** dans votre **espace de stockage (ou ENT)**.

Évaluation du professeur

Problème 1. Dans la table de 4

30 min — Vidéo

◆ Objectif

Vérifier une conjecture à l'aide d'un tableur et la démontrer.

Difficulté technique .... ★
Difficulté mathématique .... ★★

Alexia affirme que l'entier qui précède le carré d'un nombre impair est toujours un multiple de 4.

■ **Est-ce que cette affirmation est vraie ? Si oui, la démontrer.**

Utiliser ce cadre pour rédiger la réponse.

▸▸▸ Enregistrez ce fichier sous le nom **3_05_PR1_«Nom»_«Prénom»** dans votre **espace de stockage (ou ENT)**.

Évaluation du professeur

Problème 2. Au carré

40 min — Vidéo

◆ Objectif

Mettre en œuvre ses connaissances mathématiques et techniques pour formuler une conjecture et la démontrer.

Difficulté technique .... ★★
Difficulté mathématique .... ★★★

■ **Que peut-on dire de l'entier qui suit le produit de quatre nombres entiers consécutifs ? Expliquer.**

Utiliser ce cadre pour rédiger la réponse.

▸▸▸ Enregistrez ce fichier sous le nom **3_05_PR2_«Nom»_«Prénom»** dans votre **espace de stockage (ou ENT)**.

Évaluation du professeur

TP 1. Programmes de calculs

30 min

◆ Objectif

Utiliser le tableur pour résoudre un problème se ramenant à une équation du type $ax + b = cx + d$.

Difficulté technique .... ★
Difficulté mathématique .... ★

Connaissances mathématiques
- Programmes de calcul
- Résolution d'équations du premier degré

Connaissances techniques

Dans un tableur :
- Connaître le fonctionnement
- Saisir une formule de calcul
- Copier une formule (références relatives)

Programme de Lucie
- Je choisis un nombre
- Je le multiplie par 9
- J'ajoute 11 au produit obtenu

Programme de Marco
- Je choisis un nombre
- Je lui ajoute 8
- Je multiplie cette somme par 4

Lucie et Marco créent chacun un programme de calcul. Ils veulent trouver un nombre qui donnera le même résultat avec ces deux programmes.

☐ **1.** Appliquer le programme de Lucie en choisissant 2 comme nombre de départ.
Quel est le résultat obtenu ? ....

☐ **2.** Appliquer le programme de Marco avec 2 comme nombre de départ.
Quel est le résultat obtenu ? ....

☐ **3.** Le nombre 2 donne-t-il le même résultat pour les deux programmes de calcul ?

....

Dans une feuille de calcul d'un tableur :

☐ **4.** Reproduire le tableau ci-contre.

☐ **5.** Dans la cellule B2, saisir une formule qui permet d'appliquer le programme de Lucie au nombre saisi dans la cellule A2. *Tableur 1*
Écrire ici la formule saisie : ....

☐ **6.** Recopier cette formule sur toute la colonne B. *Tableur 2*

☐ **7.** Dans la cellule C2, saisir une formule qui permet d'appliquer le programme de Marco au nombre saisi dans la cellule A2.
Écrire ici la formule saisie : ....

☐ **8.** Recopier cette formule sur toute la colonne C.

	A	B	C	D
1	nombre de départ	programme de Lucie	programme de Marco	différence des deux programmes
2	0			
3	1			
4	2			
5	3			
6	4			
7	5			

☐ **9.** Dans la cellule D2, saisir une formule qui permet de calculer la différence des résultats des deux programmes de calcul.
Écrire ici la formule saisie : ....

☐ **10.** Recopier cette formule sur toute la colonne D.

☐ **11.** En déduire que le nombre recherché est compris entre deux entiers que l'on précisera.

....

☐ **12.** Modifier les nombres de la colonne A pour tester des nombres décimaux compris entre ces deux entiers.

☐ **13.** Quel nombre de départ donne le même résultat avec les deux programmes ? ....

▸▸▸ Enregistrez ce fichier sous le nom **3_06_TP1_«Nom»_«Prénom»** dans votre espace de stockage (ou ENT).

Évaluation du professeur

TP 2. Machine à résoudre les équations

30 min

◆ **Objectif**

Utiliser le tableur pour automatiser la résolution des équations du type $ax + b = cx + d$.

Difficulté technique .... ★★
Difficulté mathématique .... ★★

Connaissances mathématiques
- Programmes de calcul
- Résolution d'équations du premier degré

Connaissances techniques

Dans un tableur :
- Connaître le fonctionnement
- Saisir une formule de calcul
- Copier une formule (références relatives)

Dans tout ce TP, on s'intéresse aux équations d'inconnue x du type $ax + b = cx + d$ où a, b, c et d sont des nombres.

Cas où $a = c$

☐ **1.** Donner deux exemples d'équations où $a = c$. ....

☐ **2.** Pour chacune d'elles, préciser les solutions possibles. ....

☐ **3.** Dans quel cas une équation où $a = c$ a-t-elle une ou plusieurs solutions ? Combien y a-t-il de solutions ? ....

Cas où $a \neq c$

☐ **4.** Lorsque $a \neq c$, montrer que l'équation $ax + b = cx + d$ a une solution unique de la forme $x = \dfrac{d-b}{a-c}$.

☐ **5.** En déduire la solution de l'équation $5x + 7 = 3x - 9$. ....

Dans une feuille de calcul d'un tableur :

☐ **6.** Reproduire le tableau ci-contre.

	A	B	C	D	E
1	*a*	*b*	*c*	*d*	solution
2	5	7	3	-9	

☐ **7.** Dans la cellule E2, saisir une formule qui permet d'obtenir directement la solution de l'équation $5x + 7 = 3x - 9$.
Écrire ici la formule saisie : ....

☐ **8.** Quelle est la solution affichée par le tableur ? Est-ce bien la solution trouvée précédemment ?

☐ **9.** Dans la cellule A2, remplacer la valeur de a par 8 et observer le résultat en E2. Le nombre affiché est-il bien solution de l'équation $8x + 7 = 3x - 9$? ....

☐ **10.** En utilisant la feuille de calcul ainsi obtenue, résoudre les équations suivantes :
- l'équation $4x + 5 = 3x + 12$ a pour solution : ....
- l'équation $7x - 13 = 9x + 24$ a pour solution : ....
- l'équation $-2x + 7 = 6x - 4$ a pour solution : ....

☐ **11.** En utilisant cette feuille de calcul, trouver trois équations différentes dont la solution est -15. ....

▸▸▸ Enregistrez ce fichier sous le nom **3_06_TP2_«Nom»_«Prénom»** dans votre espace de stockage (ou ENT).

Évaluation du professeur

TP 3. Le graphique

30 min

◆ **Objectif**

Utiliser un logiciel de géométrie dynamique pour déterminer graphiquement la solution d'une équation du type $ax + b = cx + d$.

Difficulté technique .... ★
Difficulté mathématique .... ★★

Connaissances mathématiques
- Équations du premier degré
- Représentation graphique d'une fonction affine

Connaissances techniques
Dans un logiciel de géométrie dynamique :
- Tracer et déplacer un objet
- Modifier les propriétés d'un objet

On veut résoudre l'équation $1{,}5x - 3 = -x + 7$ à l'aide d'un graphique.

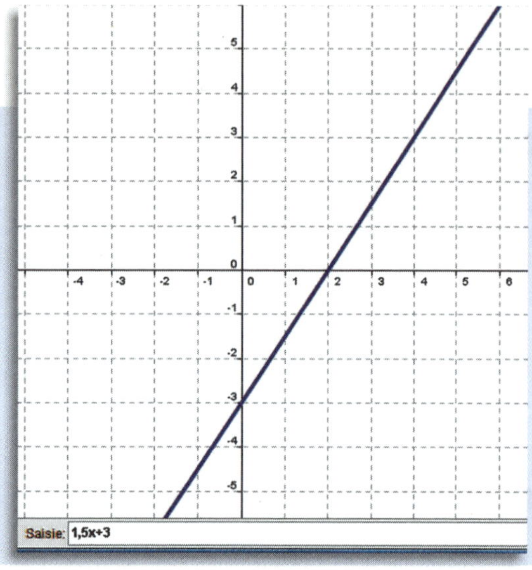

Dans un logiciel de géométrie dynamique :

☐ **1.** Afficher les axes et la grille. *Géométrie 23*

☐ **2.** Tracer la représentation graphique de la fonction affine $f(x) = 1{,}5x - 3$.

Aide : *Attention, pour écrire « 1,5 », il faut saisir « 1.5 ».*

☐ **3.** Colorer cette droite en bleu.

Aide : *Faire un clic droit sur la droite et aller dans* Propriétés.

☐ **4.** Tracer la représentation graphique de la fonction affine $f(x) = -x + 7$.

☐ **5.** Colorer cette droite en rouge.

☐ **6.** Les droites bleue et rouge sont-elles sécantes ? Si oui, quelles sont les coordonnées de leur point d'intersection ?

....

☐ **7.** Par construction, l'abscisse de ce point d'intersection est le nombre x tel que $1{,}5x - 3 = -x + 7$. Vérifier par un calcul que cette abscisse est bien solution de l'équation étudiée. ....

....

☐ **8.** Compléter la phrase suivante :
« La solution de l'équation $1{,}5x - 3 = -x + 7$ est le nombre .... »

☐ **9.** À l'aide de la même méthode, résoudre graphiquement les équations ci-dessous :
- la solution de l'équation $-2x + 3 = x - 4{,}5$ est le nombre ....
- la solution de l'équation $3x + 3 = -x - 4$ est le nombre ....
- la solution de l'équation $3x - 8 = 0{,}5x + 6$ est le nombre ....

Aide : *Il peut être utile de zoomer pour augmenter la précision de la grille.*

On veut maintenant résoudre l'équation $2x - 4 = 2x + 1$.

☐ **10.** Tracer les deux droites permettant d'étudier cette équation. ....

☐ **11.** Ces deux droites sont-elles sécantes ? ....

☐ **12.** Que peut-on en déduire pour l'équation $2x - 4 = 2x + 1$?

....

☐ **13.** Trouver une équation du type $ax + b = cx + d$ dont la solution est 5. ....

☐ **14.** Trouver une équation du type $ax + b = cx + d$ dont la solution est $-3{,}75$. ....

▸▸▸ Enregistrez ce fichier sous le nom **3_06_TP3_«Nom»_«Prénom»** dans votre **espace de stockage (ou ENT)**.

Évaluation du professeur

Problème 1. Les cadeaux

20 min — Vidéo

◆ Objectif

Utiliser le tableur pour résoudre un problème (pouvant se ramener à une équation du premier degré à une inconnue) par essais successifs sans utiliser le calcul littéral.

Difficulté technique .... ★
Difficulté mathématique .... ★★

Pour faire ses cadeaux de Noël, Zia achète cinq romans, un DVD et trois CD de musique. Elle dépense 99,90 € au total.

■ **Sachant qu'un CD coûte le double d'un roman et qu'un DVD coûte 5 € de plus qu'un CD, retrouver le prix de chaque article.**

Utiliser ce cadre pour rédiger la réponse.

▸▸▸ Enregistrez ce fichier sous le nom **3_06_PR1_«Nom»_«Prénom»** dans votre **espace de stockage** (ou ENT).

Évaluation du professeur

Problème 2. Deux nombres mystérieux

20 min — Vidéo

◆ Objectif

Utiliser le tableur pour résoudre un problème (pouvant se présenter comme une équation du second degré à une inconnue) par essais successifs sans utiliser le calcul littéral.

Difficulté technique .... ★★
Difficulté mathématique .... ★★

Andy a choisi deux nombres entiers dont la différence est égale à 79. En soustrayant les carrés de ces deux nombres, il obtient 22 989.

■ **Quels sont les nombres choisis par Andy ?**

Utiliser ce cadre pour rédiger la réponse.

▸▸▸ Enregistrez ce fichier sous le nom **3_06_PR2_«Nom»_«Prénom»** dans votre **espace de stockage** (ou ENT).

Évaluation du professeur

Séquence 7 Système d'équations

TP 1. Problème à deux inconnues

30 min

◆ **Objectif**

Utiliser le tableur pour résoudre un problème à deux inconnues par essais successifs.

Difficulté technique .... ★
Difficulté mathématique .... ★★

Connaissances mathématiques

- Système d'équations

Connaissances techniques

Dans un tableur :
- Connaître le fonctionnement
- Saisir une formule de calcul

Ce samedi, un distributeur automatique de billets de la banque Cashmax a fourni à ses clients 288 billets (en billets de 10 € et 20 € uniquement) pour un montant total de 4 230 €.

☐ **1.** Lilian pense que le distributeur a fourni 180 billets de 10 € et 108 billets de 20 €. A-t-il raison ? Justifier. ....

....

Dans une feuille de calcul d'un tableur :

	A	B	C
1	Nombre de billets de 10 €	Nombre de billets de 20 €	Montant total
2			

☐ **2.** Reproduire le tableau ci-contre.

☐ **3.** Dans la cellule A2, saisir un nombre quelconque de billets de 10 €.

☐ **4.** Dans la cellule B2, saisir une formule qui permet de calculer le nombre de billets de 20 € en fonction du nombre de billets de 10 € entré dans la cellule A2. *Tableur 1*
Écrire ici la formule saisie : ....

☐ **5.** Dans la cellule C2, saisir une formule qui permet de calculer le montant total d'argent distribué.
Écrire ici la formule saisie : ....

☐ **6.** Modifier le nombre saisi en A2. Que se passe-t-il dans les cellules B2 et C2 ? ....

....

☐ **7.** Par différents essais successifs, trouver le nombre de billets de 10 € délivrés par le distributeur ce samedi. Quel est ce nombre ? Quel est le nombre de billets de 20 € correspondant ? ....

....

☐ **8.** En appelant x le nombre de billets de 10 € et y le nombre de billets de 20 €, montrer que la résolution de ce problème revient à résoudre le système $\begin{cases} x + y = 288 \\ 10x + 20y = 4\,230 \end{cases}$

....

....

☐ **9.** Résoudre ce système et conclure. ....

....

....

▸▸▸ Enregistrez ce fichier sous le nom **3_07_TP1_«Nom»_«Prénom»** dans votre **espace de stockage (ou ENT)**.

Évaluation du professeur

TP 2. Résolution graphique

30 min

◆ Objectif

Utiliser un logiciel de géométrie dynamique pour déterminer graphiquement la solution d'un système de deux équations à deux inconnues.

Difficulté technique .... ★
Difficulté mathématique .... ★★

Connaissances mathématiques

- Système d'équations
- Représentation graphique d'une fonction affine

Connaissances techniques

Dans un logiciel de géométrie dynamique :

- Tracer et déplacer un objet
- Modifier les propriétés d'un objet

On cherche à résoudre le système $\begin{cases} 4x - y = 7 \\ -3x + 2y = -4 \end{cases}$

☐ **1.** Montrer que la première équation peut s'écrire $y = 4x - 7$.

....

☐ **2.** Montrer que la deuxième équation peut s'écrire $y = 1{,}5x - 2$.

....

Dans un logiciel de géométrie dynamique :

☐ **3.** Afficher les axes et la grille. *Géométrie 23*

☐ **4.** Tracer la représentation graphique de la fonction affine $f(x) = 4x - 7$.
Géométrie 26

Aide : *Le champ de saisie s'ouvre en bas de la fenêtre.*

☐ **5.** Colorer cette droite en rouge.

Aide : *Faire un clic droit sur la droite et aller dans* Propriétés.

☐ **6.** Tracer la représentation graphique de la fonction affine $f(x) = 1{,}5x - 2$.

Aide : *Attention, pour écrire « 1,5 », il faut saisir « 1.5 ».*

☐ **7.** Colorer cette droite en bleu.

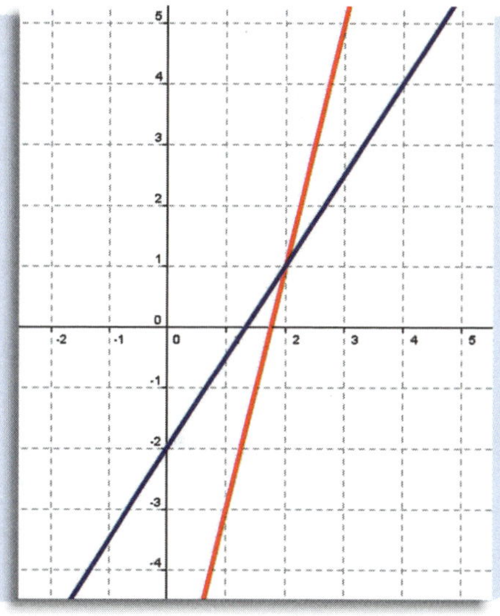

☐ **8.** Les droites bleue et rouge sont-elles sécantes ? Si oui, quelles sont les coordonnées de leur point d'intersection ?

....

☐ **9.** Vérifier, par le calcul, que les coordonnées de ce point sont bien une solution du système étudié.

....

....

☐ **10.** Compléter la phrase suivante :

« La solution du système $\begin{cases} 4x - y = 7 \\ -3x + 2y = -4 \end{cases}$ est le couple .... »

☐ **11.** De la même manière, résoudre les deux systèmes suivants :

- $\begin{cases} 4x - y = -1 \\ 2x + y = -3{,}5 \end{cases}$ ....
- $\begin{cases} 2x + y = 7 \\ x - 2y = 11 \end{cases}$ ....

▸▸▸ Enregistrez ce fichier sous le nom **3_07_TP2_«Nom»_«Prénom»** dans votre **espace de stockage (ou ENT)**.

Évaluation du professeur

TP 3. Machine à résoudre les systèmes

40 min

◆ **Objectif**

Construire une feuille de calcul permettant de résoudre automatiquement les systèmes de la forme $\begin{cases} ax + by = c \\ dx + ey = f \end{cases}$ (où a, b, c, d, e et f sont des nombres donnés).

Difficulté technique ★★★
Difficulté mathématique ★★★

Connaissances mathématiques

- Système d'équations
- Méthode de résolution par addition/soustraction

Connaissances techniques

Dans un tableur :
- Connaître le fonctionnement
- Saisir une formule de calcul
- Copier une formule (références relatives)

On veut résoudre le système $\begin{cases} 2x + 3y = 26 \\ 3x - 4y = 5 \end{cases}$

	A	B	C	D	E	F	G
1	a	b	c		da	db	dc
2	2	3	26				
3							
4	d	e	f		ad	ae	af
5	3	-4	5				

Dans une feuille de calcul d'un tableur :

☐ **1.** Reproduire le tableau ci-dessus où l'on peut identifier les valeurs de chacun des nombres a, b, c, d, e et f.

☐ **2.** On veut maintenant multiplier les coefficients de la première ligne par le nombre d et les coefficients de la seconde ligne par le nombre a pour compléter le tableau ci-dessus. *Tableur 1*
– Écrire ici les formules saisies en E2, F2 et G2 : ....
– Écrire ici les formules saisies en E5, F5 et G5 : ....

Résoudre le système $\begin{cases} 2x + 3y = 26 \\ 3x - 4y = 5 \end{cases}$ revient donc à résoudre le système $\begin{cases} 6x + 9y = 78 \\ 6x - 8y = 10 \end{cases}$

On va soustraire les deux équations du nouveau système membre à membre.

☐ **3.** Dans la cellule E7, saisir une formule qui permet de calculer la différence entre le nombre contenu dans la cellule E2 et le nombre contenu dans la cellule E5. Écrire ici la formule saisie : ....

☐ **4.** Copier cette formule sur les cellules F7 et G7. *Tableur 2*

☐ **5.** Quels sont les trois nombres obtenus ? ....

☐ **6.** Expliquer pourquoi cela revient à dire que $17y = 68$. ....

☐ **7.** Dans la cellule A7, écrire [y =]. Dans la cellule B7, saisir une formule qui permet de calculer la valeur de y à partir des nombres affichés dans les cellules F7 et G7. Écrire ici la formule saisie : ....

☐ **8.** Dans la cellule A8, écrire [x =]. Dans la cellule B8, saisir une formule qui permet de calculer la valeur de x à partir de la valeur de y trouvée et des coefficients des équations de départ. Écrire ici la formule saisie : ....

☐ **9.** Compléter la phrase suivante : « La solution du système $\begin{cases} 2x + 3y = 26 \\ 3x - 4y = 5 \end{cases}$ est le couple .... »

☐ **10.** Utiliser la feuille de calcul ainsi obtenue pour résoudre les systèmes suivants :

- $\begin{cases} 4x - y = -1 \\ 2x + y = -3{,}5 \end{cases}$ ....
- $\begin{cases} 2x + y = 7 \\ x - 2y = 11 \end{cases}$ ....

▸▸▸ Enregistrez ce fichier sous le nom **3_07_TP3_«Nom»_«Prénom»** dans votre **espace de stockage (ou ENT).**

Évaluation du professeur

Problème 1. Des cahiers et des stylos

20 min

Vidéo

◆ **Objectif**

Utiliser le tableur pour résoudre un problème (pouvant se ramener à une équation du premier degré à deux inconnues) sans utiliser le calcul littéral, par essais successifs.

Difficulté technique .... ★★
Difficulté mathématique .... ★★

Pour la rentrée des classes, un maître d'école a acheté des stylos à 1,30 € pièce et des cahiers à 2,40 € pièce.
Il a dépensé 80 € au total exactement.

■ **Combien a-t-il acheté de stylos et de cahiers ? Trouver toutes les possibilités.**

Utiliser ce cadre pour rédiger la réponse.

▸▸▸ Enregistrez ce fichier sous le nom **3_07_PR1_«Nom»_«Prénom»** dans votre **espace de stockage (ou ENT)**.

Évaluation du professeur

Problème 2. À la ferme

30 min

Vidéo

◆ **Objectif**

Utiliser le tableur pour résoudre un problème à plusieurs inconnues par essais successifs.

Difficulté technique .... ★★
Difficulté mathématique .... ★★★

• Raymond élève des canards et des cochons. Dans sa cour de ferme, il compte 42 têtes et 114 pattes.

■ **Combien Raymond possède-t-il de canards ? Combien possède-t-il de cochons ?**

• Alexia élève des dromadaires, des chameaux et des babababoums. Le babababoum est un animal étrange qui possède six pattes et trois bosses ! Dans son élevage, elle compte 44 têtes, 190 pattes et 72 bosses.

■ **Combien y a-t-il d'animaux de chaque espèce dans l'élevage d'Alexia ?**

Utiliser ce cadre pour rédiger la réponse.

▸▸▸ Enregistrez ce fichier sous le nom **3_07_PR2_«Nom»_«Prénom»** dans votre **espace de stockage (ou ENT)**.

Évaluation du professeur

TP 1. La boîte de volume maximal

40 min

◆ **Objectif**

Utiliser le tableur pour déterminer comment construire une boîte de volume maximal à partir d'une feuille de papier au format A4.

Difficulté technique ★
Difficulté mathématique ★★

Connaissances mathématiques
- Production d'une expression littérale
- Volume d'un parallélépipède rectangle

Connaissances techniques
Dans un tableur :
- Connaître le fonctionnement
- Saisir une formule de calcul
- Copier une formule (références relatives)

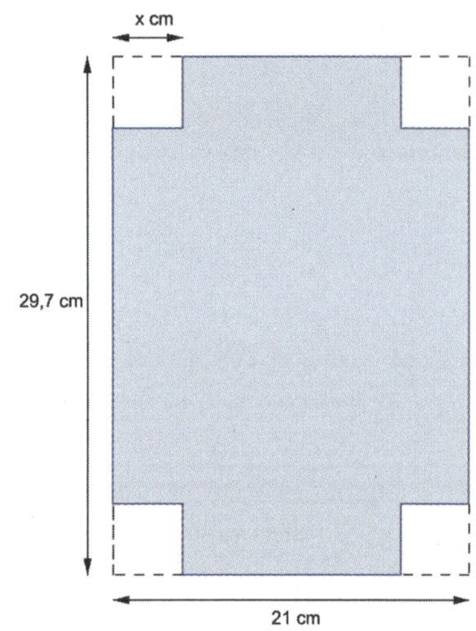

Clarisse veut construire une boîte sans couvercle. Pour cela, elle découpe des carrés identiques dans les coins d'une feuille de papier de format A4 (21 cm de largeur et 29,7 cm de longueur). Le but de ce TP est de déterminer la mesure des côtés des carrés pour que la boîte ait un volume maximal. On note x la longueur du côté des carrés.

☐ **1.** Sans justification, donner la valeur minimale et la valeur maximale que peut prendre x.

....

Imaginer la boîte obtenue après avoir replié le patron ci-contre.

☐ **2.** Exprimer, en fonction de x, la hauteur de la boîte. ....

☐ **3.** Exprimer, en fonction de x, la largeur de la boîte. ....

☐ **4.** Exprimer, en fonction de x, la longueur de la boîte. ....

☐ **5.** Déduire des questions précédentes une expression, en fonction de x, du volume de cette boîte.

....

Dans une feuille de calcul d'un tableur :

☐ **6.** Reproduire le tableau ci-contre.

☐ **7.** Dans la colonne A, créer la liste des nombres entiers de 0 à 10. *Tableur 3*

☐ **8.** Dans la cellule B2, saisir une formule qui permet de calculer le volume de la boîte obtenue pour la valeur de x contenue dans la cellule A2. *Tableur 1* Écrire ici la formule saisie : ....

☐ **9.** Recopier cette formule dans la colonne B.

	A	B
1	x	Volume de la boîte
2		
3		
4		
5		

☐ **10.** Entre quelles valeurs de x semble-t-on obtenir une boîte de volume maximal ? ....

☐ **11.** Dans la colonne A, créer la liste des nombres compris entre ces deux valeurs avec un pas de 0,1.

☐ **12.** En déduire pour quelle valeur de x, au millimètre près, la boîte obtenue aura un volume maximal. ....

☐ **13.** Préciser, dans ce cas, les dimensions de la boîte ainsi construite et son volume. ....

....

▸▸▸ Enregistrez ce fichier sous le nom **3_08_TP1_«Nom»_«Prénom»** dans votre espace de stockage (ou ENT).

Évaluation du professeur

TP 2. La distance d'arrêt d'une voiture

30 min

◆ **Objectif**

Étudier la distance d'arrêt d'un véhicule à l'aide d'un traceur de courbes.

Difficulté technique .... ★
Difficulté mathématique .... ★★

Connaissances mathématiques
- Repérage dans le plan
- Fonctions
- Représentation graphique d'une fonction

Connaissances techniques

Dans un logiciel de géométrie dynamique :
- Tracer et déplacer un objet
- Afficher une mesure
- Modifier les propriétés d'un objet

La **distance d'arrêt** d'une voiture est la somme de la **distance de réaction** (distance parcourue durant le temps où le conducteur réalise qu'il doit freiner) et de la **distance de freinage**. Elle est donnée par la fonction f définie par $f(x)=\frac{x}{3{,}6}+\frac{x^2}{254\times c}$.

x est la vitesse de la voiture, en km/h, et c est un coefficient qui dépend de l'état de la route : $c = 0{,}8$ sur route sèche et $c = 0{,}4$ sur route mouillée.

☐ **1.** Expliquer pourquoi, sur une route sèche, on a : $f(x)=\frac{x}{3{,}6}+\frac{x^2}{203{,}2}$. ....

Dans un logiciel de géométrie dynamique :

☐ **2.** Afficher la grille et les axes. *Géométrie 23*

☐ **3.** Zoomer et déplacer le repère afin que l'origine de celui-ci soit en bas à gauche de l'écran et que l'axe des abscisses soit gradué jusqu'à 230 environ.

Aide : *On peut s'aider des boutons* Déplacer Graphique, Agrandissement *et* Réduction *ou encore de la molette de la souris.*

☐ **4.** Tracer la représentation graphique de la fonction f donnée à la question **1**. *Géométrie 26*

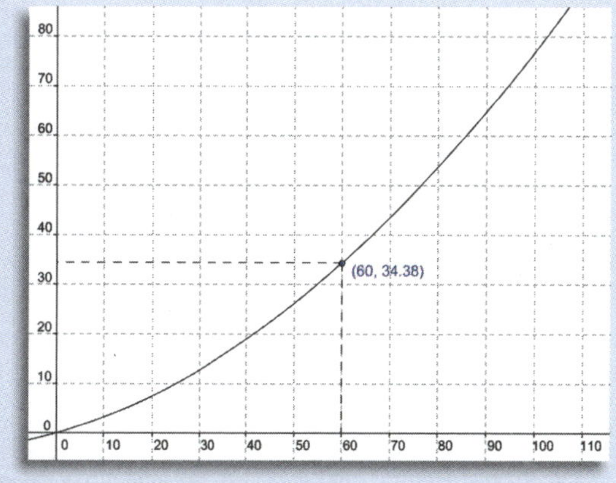

☐ **5.** Placer un point A sur cette représentation graphique et afficher ses coordonnées. *Géométrie 2 et 24*

☐ **6.** Tracer la droite perpendiculaire à l'axe des abscisses qui passe par le point A. *Géométrie 8*

☐ **7.** Placer le point B à l'intersection de cette droite et de l'axe des abscisses. *Géométrie 3*

☐ **8.** Tracer le segment [AB] et le mettre en pointillés. *Géométrie 5*

Aide : *Faire un clic droit sur le segment, choisir* Propriétés *et aller dans l'onglet* Style.

☐ **9.** Masquer le point B et la droite tracée. *Géométrie 21*

☐ **10.** De même, tracer en pointillés un segment perpendiculaire à l'axe des ordonnées qui passe par le point A.

☐ **11.** En déplaçant le point A, compléter le tableau ci-dessous :

Vitesse (km/h)	50	60	70	80	90	100	110	120	130
Distance d'arrêt (m)									

☐ **12.** La distance d'arrêt est-elle proportionnelle à la vitesse ? Expliquer. ....

☐ **13.** Compléter le tableau ci-dessous dans le cas d'une route mouillée :

Vitesse (km/h)	50	60	70	80	90	100	110	120	130
Distance d'arrêt (m)	......	......	......	......	......	......	......	......	......

▸▸▸ Enregistrez ce fichier sous le nom **3_08_TP2_«Nom»_«Prénom»** dans votre **espace de stockage (ou ENT)**.

Évaluation du professeur

TP 3. Une boîte de conserve

40 min

◆ **Objectif**

Résoudre un problème d'optimisation à l'aide d'un logiciel.

Difficulté technique .... ★★
Difficulté mathématique .... ★★★

Connaissances mathématiques
- Volume et aire d'un cylindre
- Fonctions

Connaissances techniques

Dans un logiciel de géométrie dynamique :
- Tracer et déplacer un objet
- Afficher une mesure
- Modifier les propriétés d'un objet

Les boîtes de conserve ont des dimensions qui ne doivent rien au hasard. Les grosses boîtes de conserve de 850 mL, par exemple, que nous allons étudier dans ce TP, ont toutes les mêmes dimensions choisies pour limiter les coûts de fabrication.

☐ **1.** Expliquer pourquoi le coût de fabrication d'une boîte de conserve dépend de son aire.

....

☐ **2.** Compléter : 850 mL = ... L = ... dm^3 = ... cm^3.

☐ **3.** On note *H* la hauteur de la boîte, en cm, et *R* le rayon de son disque de base, en cm. Quelle expression permet de calculer le volume du cylindre ? ....

☐ **4.** En déduire que $H = \dfrac{850}{\pi \times R^2}$. ....

....

☐ **5.** Montrer que l'aire du cylindre peut s'écrire $2 \times (\pi R^2) + H \times 2\pi R$. ....

....

....

☐ **6.** Déduire des questions précédentes que l'aire du cylindre peut s'écrire $2\pi R^2 + \dfrac{1700}{R}$.

Dans un logiciel de géométrie dynamique :

☐ **7.** Afficher la grille et les axes. *Géométrie 23*

☐ **8.** Graduer l'axe des ordonnées de 100 en 100.

Aide : *Faire un clic droit dans une zone blanche, choisir* Graphique… *et modifier ainsi :*

axeX : axeY = 1 : 100

☐ **9.** Tracer la représentation graphique de la fonction *f* définie par $f(x) = 2\pi x^2 + \dfrac{1700}{x}$.
Géométrie 26

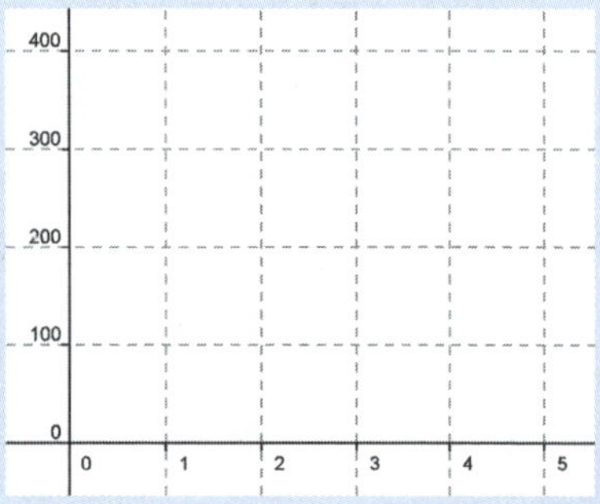

☐ **10.** Placer un point A sur cette représentation graphique et afficher ses coordonnées. *Géométrie 2 et 24*

☐ **11.** En déplaçant le point A, déterminer une valeur approchée du rayon du disque de base de la boîte de conserve de 850 mL pour lequel l'aire de cette boîte est minimale.

....

☐ **12.** En déduire la hauteur de la boîte de conserve correspondante. ....

☐ **13.** Mesurer à la maison une vraie boîte de conserve de 850 mL et vérifier si ces dimensions sont plus ou moins respectées.

►►► Enregistrez ce fichier sous le nom **3_08_TP3_«Nom»_«Prénom»** dans votre **espace de stockage (ou ENT)**.

Évaluation du professeur

Problème 1. Un rouleau de grillage

30 min

Vidéo

◆ Objectif

Utiliser un logiciel pour résoudre un problème d'optimisation.

Difficulté technique .... ★★
Difficulté mathématique .... ★★

Basile dispose d'un rouleau de grillage de 35 mètres de long pour construire, le long d'un mur, un enclos pour son lapin. Le grillage utilisé forme trois côtés de l'enclos, le mur étant le quatrième côté.

■ **Quelles doivent être les dimensions de l'enclos pour que celui-ci ait une aire maximale ?**

Utiliser ce cadre pour rédiger la réponse.

▸▸▸ Enregistrez ce fichier sous le nom **3_08_PR1_«Nom»_«Prénom»** dans votre **espace de stockage (ou ENT)**.

Évaluation du professeur

Problème 2. L'aire minimale

40 min

Vidéo

◆ Objectif

Trouver une valeur approchée de la solution d'un problème à l'aide d'un logiciel.

Difficulté technique .... ★★
Difficulté mathématique .... ★★★

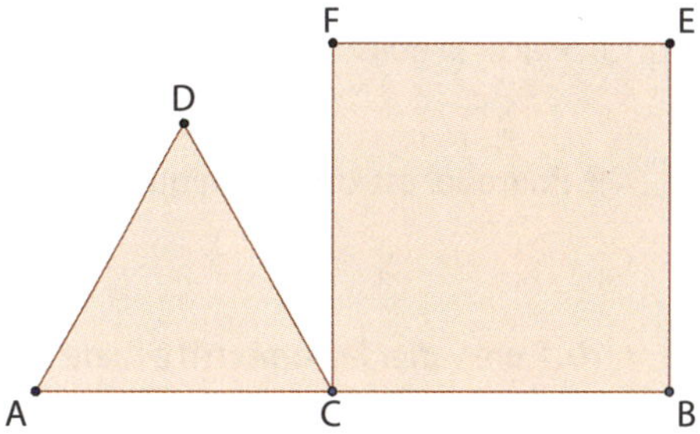

Sur un segment [AB] de 10 cm de longueur, on place un point C et on construit un triangle équilatéral ACD et un carré CBEF.

■ **Où doit-on approximativement placer le point C pour que la somme des aires du triangle équilatéral et du carré soit la plus petite possible ?**

Utiliser ce cadre pour rédiger la réponse.

▸▸▸ Enregistrez ce fichier sous le nom **3_08_PR2_«Nom»_«Prénom»** dans votre **espace de stockage (ou ENT)**.

Évaluation du professeur

Séquence 9 Fonctions linéaires et affines

TP 1. Fonctions linéaires

40 min

◆ Objectifs

- Étudier la représentation graphique d'une fonction linéaire.
- Savoir déterminer une fonction linéaire connaissant l'un des points de sa représentation graphique.

Difficulté technique .... ★
Difficulté mathématique .... ★★

Connaissances mathématiques

- Fonctions linéaires

Connaissances techniques

Dans un logiciel de géométrie dynamique :
- Tracer et déplacer un objet

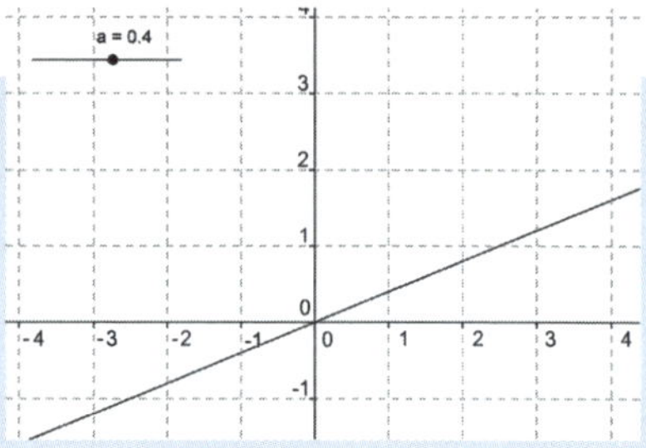

Dans un logiciel de géométrie dynamique :

☐ **1.** Afficher la grille et les axes. *Géométrie 23*

☐ **2.** Créer un curseur **a** qui va de – 5 à 5 avec un incrément de 0,1. *Géométrie 27*

☐ **3.** Représenter graphiquement la fonction f définie par $f(x) = a \times x$. *Géométrie 26*

☐ **4.** Dire pourquoi la fonction f est une fonction linéaire. ....

☐ **5.** Faire varier le nombre a à l'aide du curseur. Que peut-on dire de la représentation graphique d'une fonction linéaire ?

....

☐ **6.** Que peut-on dire de la représentation graphique de la fonction f quand a est positif ? Quand a est négatif ?

....

☐ **7.** Placer le point O à l'origine du repère (à l'intersection de l'axe des abscisses et de l'axe des ordonnées). *Géométrie 3 et 19*

☐ **8.** Placer le point A de coordonnées (2 ; 3) et tracer la droite (OA). *Géométrie 2 et 5*

☐ **9.** Pourquoi est-on certain que la droite (OA) représente une fonction linéaire ?

....

☐ **10.** Faire varier le nombre a à l'aide du curseur jusqu'à ce que les deux droites se superposent.
Donner l'expression de la fonction f représentée par la droite (OA) : $f(x) =$ ....

Aide : *On peut déplacer le curseur à l'aide de la souris ou des flèches du clavier pour être plus précis.*

☐ **11.** En déplaçant le point A sur la grille et en faisant varier le nombre a à l'aide du curseur, compléter le tableau ci-dessous :

Coordonnées du point A	(2 ; 3)	(5 ; 5)	(4 ; 2)	(6 ; 3)	(2 ; 7)	(5 ; – 4)	(5 ; –6)	(– 4 ; –6)
Fonction représentée par (OA) $f(x) =$	$1{,}5x$	......	......	......	......	......	......	......

☐ **12.** Comment semble-t-on pouvoir déterminer l'expression de la fonction linéaire représentée par une droite passant par l'origine du repère et un autre point dont on connait les coordonnées ? Expliquer. ....

....

....

▶▶▶ Enregistrez ce fichier sous le nom **3_09_TP1_«Nom»_«Prénom»** dans votre **espace de stockage (ou ENT)**.

Évaluation du professeur

TP 2. Fonctions affines

40 min

◆ Objectif

Étudier la représentation graphique d'une fonction affine.

Difficulté technique .... ★
Difficulté mathématique .... ★★

Connaissances mathématiques

- Fonctions affines

Connaissances techniques

Dans un logiciel de géométrie dynamique :

- Tracer et déplacer un objet

Dans un logiciel de géométrie dynamique :

☐ **1.** Afficher la grille et les axes. *Géométrie 23*

☐ **2.** Créer un curseur **a** qui va de – 5 à 5 avec un incrément de 0,1. *Géométrie 27*

☐ **3.** Créer un curseur **b** qui va de – 5 à 5 avec un incrément de 0,1.

☐ **4.** Représenter graphiquement la fonction f définie par $f(x) = a \times x + b$. *Géométrie 26*

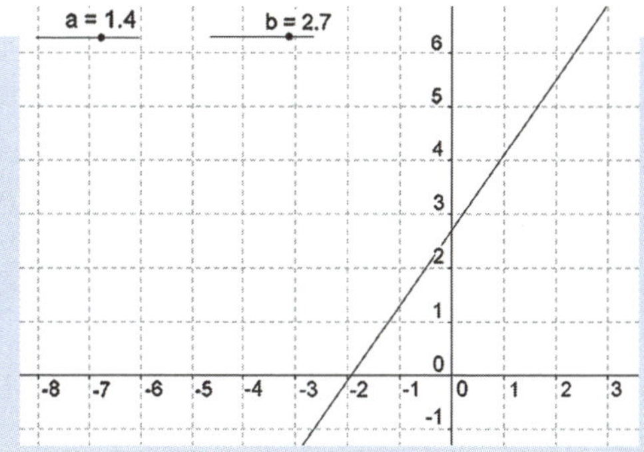

☐ **5.** Expliquer pourquoi la fonction f est une fonction affine. ....

☐ **6.** Faire varier le nombre a à l'aide du curseur. Quelle influence semble avoir ce nombre sur la représentation graphique de la fonction f ? ....

☐ **7.** Faire varier le nombre b à l'aide du curseur. Quelle influence semble avoir ce nombre sur la représentation graphique de la fonction f ? ....

....

☐ **8.** Toutes les droites qui représentent les fonctions ci-dessous se coupent en un même point.
Lequel ? Quelles sont ses coordonnées ? Expliquer.

- $x \mapsto 2x + 3$
- $x \mapsto 5x + 3$
- $x \mapsto -4x + 3$
- $x \mapsto -1x + 3$
- $x \mapsto 3x + 3$

....

☐ **9.** Le nombre b dans la fonction $f(x) = a \times x + b$ se nomme l'**ordonnée à l'origine**. Expliquer cette dénomination.

....

....

☐ **10.** Toutes les droites qui représentent les fonctions ci-dessous ont une particularité. Laquelle ? Expliquer.

- $x \mapsto 2x - 5$
- $x \mapsto 2x + 1$
- $x \mapsto 2x + 4$
- $x \mapsto 2x - 2$
- $x \mapsto 2x + 3$

....

☐ **11.** Le nombre a dans la fonction $f(x) = a \times x + b$ se nomme le **coefficient directeur**. Expliquer cette dénomination.

....

☐ **12.** Fixer le nombre b à 0 à l'aide du curseur. Faire varier le nombre a. Que peut-on dire des fonctions ainsi représentées ? Expliquer.

....

☐ **13.** Fixer le nombre a à 0 à l'aide du curseur. Faire varier le nombre b. Que peut-on dire des fonctions ainsi représentées ? Expliquer.

....

▸▸▸ Enregistrez ce fichier sous le nom **3_09_TP2_«Nom»_«Prénom»** dans votre espace de stockage (ou ENT).

Évaluation du professeur

TP 3. Déterminer une fonction affine

40 min

◆ Objectif

Déterminer une fonction affine à partir des coordonnées de deux points de sa représentation graphique.

Difficulté technique .... ★★
Difficulté mathématique .... ★★

Connaissances mathématiques
- Fonctions affines
- Résolution d'équations

Connaissances techniques

Dans un logiciel de géométrie dynamique :
- Tracer et déplacer un objet
- Afficher une mesure
- Modifier les propriétés d'un objet

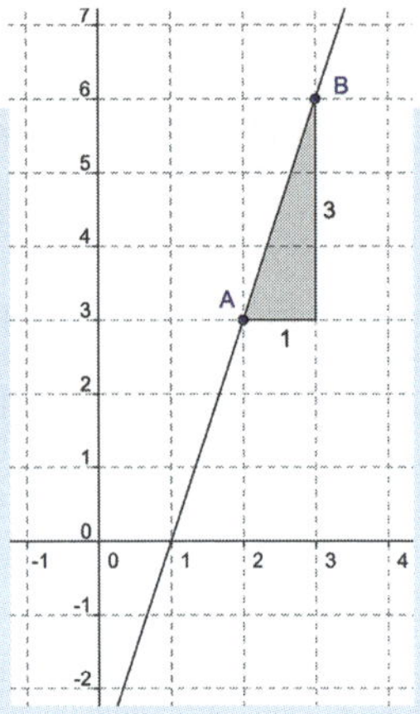

Dans un logiciel de géométrie dynamique :

☐ **1.** Afficher la grille et les axes. *Géométrie 23*

☐ **2.** Placer le point A de coordonnées (2 ; 3) et le point B de coordonnées (3 ; 6). *Géométrie 2*

☐ **3.** Tracer la droite (AB). *Géométrie 5*

☐ **4.** Afficher le coefficient directeur de la droite (AB).

Aide : *Le* ***coefficient directeur*** *d'une droite s'appelle aussi la* ***pente*** *de la droite.*

On peut l'afficher à l'aide du bouton Pente

☐ **5.** Quel est le coefficient directeur de la droite (AB) ? ....

☐ **6.** Donner une interprétation du « 1 » et du « 3 » affichés sur la pente de la droite (AB). ....

....

☐ **7.** Déplacer le point B pour que ses coordonnées soient (6 ; 5). *Géométrie 1*

☐ **8.** Quel est le coefficient directeur de la droite (AB) dans ce cas ? ....

☐ **9.** Comment aurait-on pu trouver ce coefficient à partir des coordonnées des points A et B ? Donner le calcul qui permet de l'obtenir. ....

....

☐ **10.** En utilisant le même procédé, calculer le coefficient directeur de la droite (AB) lorsque les coordonnées du point B sont (4 ; 7), puis vérifier à l'aide du graphique. ....

....

☐ **11.** Dans ce cas, la fonction affine représentée par la droite (AB) a pour expression : $f(x) = \ldots\ldots \times x + b$

☐ **12.** Si le point B (4 ; 7) appartient à la droite qui représente la fonction *f*, cela signifie que : $f(\ldots\ldots) = \ldots\ldots$

☐ **13.** En utilisant les deux questions précédentes, écrire et résoudre une équation d'inconnue *b*. En déduire une expression de la fonction affine représentée par la droite (AB) où A (2 ; 3) et B (4 ; 7). ....

....

☐ **14.** De la même manière, déterminer une expression de la fonction affine représentée par la droite (AB) où A (–6 ; 2) et B (4 ; – 5).

....

▸▸▸ Enregistrez ce fichier sous le nom **3_09_TP3_«Nom»_«Prénom»** dans votre espace de stockage (ou ENT).

Évaluation du professeur

Problème 1. Hep taxi !

30 min Vidéo

◆ Objectif
Résoudre un problème de coût à l'aide d'un logiciel.

Difficulté technique ★
Difficulté mathématique ★

Un chauffeur de taxi facture sa course 0,82 euro par kilomètre parcouru auquel s'ajoute 2 euros de prise en charge.

■ **Exprimer le prix à payer en fonction du nombre de kilomètres parcourus et représenter la fonction associée dans un logiciel.**
En déduire le nombre de kilomètres parcourus par Arthur en taxi pour 48,33 euros.

Utiliser ce cadre pour rédiger la réponse.

▸▸▸ Enregistrez ce fichier sous le nom **3_09_PR1_«Nom»_«Prénom»** dans votre **espace de stockage (ou ENT)**.

Évaluation du professeur

Problème 2. À la piscine

40 min Vidéo

◆ Objectif
Déterminer le meilleur abonnement possible à la piscine municipale en fonction du nombre d'entrées.

Difficulté technique ★★
Difficulté mathématique ★★

Pour la piscine municipale, Clara a le choix entre :
- ***formule 1*** : payer 5,25 € par entrée ;
- ***formule 2*** : payer une carte annuelle de 25 € puis ne payer que 3,80 € par entrée ;
- ***formule 3*** : payer une carte annuelle de 145 € qui offre un accès illimité à la piscine.

■ **Préciser le nombre de séances pour lequel chaque formule est plus intéressante que les autres afin d'aider Clara à choisir.**

Aide : *On peut représenter dans un même repère les trois fonctions associées aux formules 1, 2 et 3.*

Utiliser ce cadre pour rédiger la réponse.

▸▸▸ Enregistrez ce fichier sous le nom **3_09_PR2_«Nom»_«Prénom»** dans votre **espace de stockage (ou ENT)**.

Évaluation du professeur

TP 1. Vitesse moyenne

30 min

◆ **Objectif**

Travailler sur les vitesses moyennes à l'aide d'un tableur et comparer entre elles des vitesses exprimées dans différentes unités.

Difficulté technique .... ★
Difficulté mathématique .... ★

Connaissances mathématiques
- Vitesse moyenne
- Tableau de proportionnalité

Connaissances techniques
Dans un tableur :
- Connaître le fonctionnement
- Saisir une formule de calcul

Thomas a parcouru 203,5 km en 2 h 45 min pour se rendre sur son lieu de vacances.

☐ **1.** Quelle a été la durée, en minutes, de son parcours ? ....

Dans une feuille de calcul d'un tableur :

☐ **2.** Reproduire le tableau ci-contre.

☐ **3.** Compléter les cellules B1 et B2 avec la distance parcourue en kilomètres et la durée du parcours en minutes.

	A	B	C
1	Distance (km)		
2	Durée (min)		

☐ **4.** Pour calculer la vitesse moyenne de Thomas sur ce parcours, on cherche à savoir combien de kilomètres il aurait parcouru en une heure s'il avait roulé à une vitesse constante sur tout le parcours.
Saisir dans la cellule C2 le nombre de minutes qu'il y a dans une heure.

☐ **5.** Dans la cellule C1, saisir une formule qui permet de compléter le tableau de proportionnalité ainsi construit. *Tableur 1*
Écrire ici la formule saisie : ....

☐ **6.** Quelle a été, en km/h, la vitesse moyenne de Thomas sur ce parcours ? ....

☐ **7.** En roulant pendant la même durée, combien de kilomètres aurait-il pu parcourir à la vitesse moyenne de 90 km/h ?

....

☐ **8.** En parcourant exactement la même distance (203,5 km), quelle aurait été la durée de son parcours à la vitesse moyenne de 90 km/h ? ....

Thomas veut savoir s'il a été plus rapide ou moins rapide qu'un chevreuil sur son trajet de vacances sachant que la vitesse moyenne d'un chevreuil est de 20 mètres par seconde.

☐ **9.** Combien y a-t-il de secondes dans une heure ? ....

Dans la feuille de calcul d'un tableur :

☐ **10.** Reproduire le tableau ci-contre.

4	Distance (m)	20	
5	Durée (s)	1	

☐ **11.** En utilisant ce tableau de proportionnalité, déterminer combien de mètres peut parcourir un chevreuil en une heure.

☐ **12.** Quelle est, en km/h, la vitesse moyenne d'un chevreuil ? ....

☐ **13.** Thomas a-t-il été plus rapide ou moins rapide qu'un chevreuil sur son parcours de vacances ? ....

☐ **14.** Quel est l'écart de temps, en minutes, qui sépare Thomas du chevreuil sur ce parcours ? ....

....

▸▸▸ Enregistrez ce fichier sous le nom **3_10_TP1_«Nom»_«Prénom»** dans votre **espace de stockage (ou ENT)**.

Évaluation du professeur

TP 2. Variations successives en pourcentages

30 min

◆ Objectif

Utiliser le tableur pour conjecturer des propriétés sur les hausses et baisses successives et démontrer ces propriétés.

Difficulté technique .... ★
Difficulté mathématique .... ★★

Connaissances mathématiques
- Pourcentages
- Proportionnalité

Connaissances techniques

Dans un tableur :
- Connaître le fonctionnement
- Saisir une formule de calcul
- Copier une formule (références relatives)

Clara dirige un magasin de vêtements. Après une période de promotions, elle veut augmenter sensiblement les prix de tous ses articles. Pour que cette augmentation soit moins brutale, elle veut la réaliser en deux fois avec une hausse en février et une hausse en mars. Nous allons utiliser une feuille de calcul d'un tableur pour l'aider.

☐ **1.** Clara veut doubler tous les prix. À quel pourcentage correspond cette augmentation ? Expliquer. ....

....

☐ **2.** Clara veut réaliser cette augmentation en deux temps. Faire une proposition de deux hausses successives en pourcentage qui permettraient au final de doubler les prix. ....

Dans une feuille de calcul d'un tableur :

	A	B	C	D
1				Prix
2	Prix de départ (en €)		janvier	
3	Augmentation 1 (en %)		février	
4	Augmentation 2 (en %)		mars	

☐ **3.** Reproduire le tableau ci-contre.

☐ **4.** Dans la cellule B2, saisir un prix quelconque et entier.

☐ **5.** Dans la cellule D2, saisir une formule qui permet d'afficher le prix saisi en B2. *Tableur 1*

☐ **6.** Dans les cellules B3 et B4, saisir les deux taux d'augmentation proposés à la question **2.**

☐ **7.** Dans la cellule D3, saisir une formule qui permet de calculer le nouveau prix de l'article après une augmentation dont le taux est affiché en B3. Écrire ici la formule saisie : ....

Aide : *Effectuer d'abord le calcul au brouillon pour pouvoir ensuite vérifier que la formule saisie est correcte.*

☐ **8.** Recopier la formule saisie en D3 sur la cellule D4. *Tableur 2*

☐ **9.** Le prix alors affiché au mois de mars est-il bien le double de celui affiché en janvier ? ....

☐ **10.** Si ce n'est pas le cas, expliquer pourquoi. ....

☐ **11.** Jade, une amie de Clara, lui dit qu'elle pourrait facilement doubler ses prix en commençant par les augmenter de 25 % le premier mois. Si la première hausse est de 25 %, de quel pourcentage doit-on augmenter les prix le second mois ?

....

☐ **12.** Par quel nombre multiplie-t-on un prix lorsqu'on l'augmente de 25 % (première augmentation) ? ....

☐ **13.** Par quel nombre doit-on ensuite multiplier le prix lors de la seconde augmentation ? ....

☐ **14.** Expliquer alors pourquoi ces deux augmentations successives permettent de doubler les prix.

....

☐ **15.** Si la première augmentation est de 28 %, quel devra être exactement le pourcentage de la seconde augmentation pour que les prix doublent ? Expliquer. ....

☐ **16.** Les résultats obtenus auraient-ils été différents si l'on avait inversé l'ordre des deux augmentations ? Expliquer pourquoi.

....

►►► Enregistrez ce fichier sous le nom **3_10_TP2_«Nom»_«Prénom»** dans votre **espace de stockage (ou ENT).**

Évaluation du professeur

TP 3. Un train peut en croiser un autre

30 min

◆ **Objectif**

Résoudre, à l'aide du tableur, un problème de trains qui se rencontrent.

Difficulté technique .... ★
Difficulté mathématique .... ★★

Connaissances mathématiques
- Production d'une expression littérale
- Proportionnalité

Connaissances techniques

Dans un tableur :
- Connaître le fonctionnement
- Saisir une formule de calcul

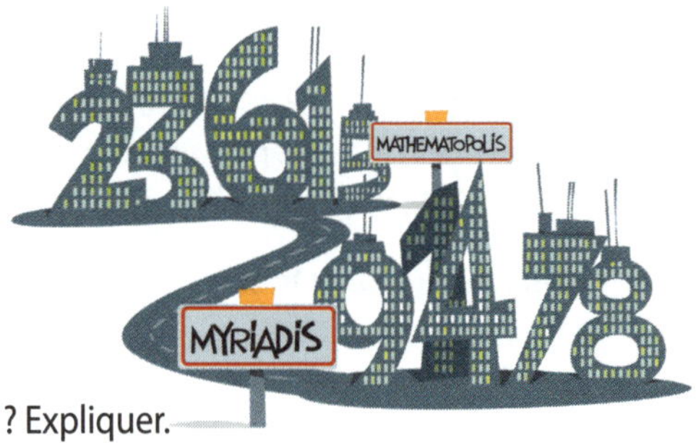

Deux villes, Myriadis et Mathématopolis, sont distantes de 964 km.
- Le train 001 part de Myriadis en direction de Mathématopolis à 08 h 53. Il roule à la vitesse moyenne de 270 km/h.
- Le train 002 part de Mathématopolis en direction de Myriadis à 09 h 38. Il roule à la vitesse moyenne de 225 km/h.

On veut déterminer l'heure à laquelle ces deux trains vont se croiser.

☐ **1.** Quand le train 002 démarre, quelle distance en km a déjà parcouru le train 001 ? Expliquer.

....

On note x le nombre de minutes écoulées depuis 09 h 38.

☐ **2.** Montrer que la distance en km parcourue par le train 001 depuis 09 h 38 peut s'écrire $4{,}5x$.

....

☐ **3.** Exprimer de même, en fonction de x, la distance en km parcourue par le train 002 depuis 09 h 38.

....

☐ **4.** Déduire des questions **1** et **2** une expression, en fonction de x, donnant la distance, en km, qui sépare le train 001 de la ville de Myriadis x minutes après 09 h 38. ....

☐ **5.** Déduire de la question **3** une expression, en fonction de x, donnant la distance, en km, qui sépare le train 002 de la ville de Myriadis x minutes après 09 h 38. ....

Dans une feuille de calcul d'un tableur :

	A	B
1	Durée du trajet du train 002 (min)	
2	Distance Train 001 – Myriadis (km)	
3	Distance Train 002 – Myriadis (km)	

☐ **6.** Reproduire le tableau ci-contre.

☐ **7.** Dans la cellule B1, saisir un nombre de minutes quelconque (c'est le temps écoulé depuis 09 h 38).

☐ **8.** Dans la cellule B2, saisir une formule qui permet de calculer la distance, en km, qui sépare le train 001 de la ville de Myriadis x minutes après 09 h 38. *Tableur 1* Écrire ici la formule saisie : ....

☐ **9.** Dans la cellule B3, saisir une formule qui permet de calculer la distance, en km, qui sépare le train 002 de la ville de Myriadis x minutes après 09 h 38. Écrire ici la formule saisie : ....

☐ **10.** En faisant plusieurs essais, déterminer, à la minute près, l'heure à laquelle les deux trains se croiseront.

....

☐ **11.** Préciser alors à quelle distance se trouveront les deux trains par rapport à chacune des villes qu'ils relient.

....

▸▸▸ Enregistrez ce fichier sous le nom **3_10_TP3_«Nom»_«Prénom»** dans votre **espace de stockage (ou ENT)**.

Évaluation du professeur

Problème 1. Le placement de Théa

30 min

Vidéo

◆ Objectif

Résoudre un problème d'intérêts recapitalisés à l'aide du tableur.

Difficulté technique .... ★★
Difficulté mathématique .... ★★

Théa a placé 100 € sur un compte épargne qui lui rapporte 3 % d'intérêts par an. Ces intérêts sont reversés chaque année sur le compte.

■ **Si Théa n'ajoute ni ne retire d'argent de ce compte, au bout de combien d'années aura-t-elle doublé son capital de départ ?**

Utiliser ce cadre pour rédiger la réponse.

▶▶▶ Enregistrez ce fichier sous le nom **3_10_PR1_«Nom»_«Prénom»** dans votre **espace de stockage (ou ENT)**.

Évaluation du professeur

Problème 2. Ça monte... et redescend

40 min

Vidéo

◆ Objectif

Résoudre un problème de vitesse à l'aide du tableur afin de faire plusieurs essais.

Difficulté technique .... ★★
Difficulté mathématique .... ★★★

Un cycliste monte une côte de 15 km à la vitesse moyenne de 24 km/h. Il la redescend ensuite.

■ **Quelle doit être sa vitesse moyenne lors de la descente pour que sa vitesse moyenne sur l'ensemble du parcours soit de 30 km/h ?**

Utiliser ce cadre pour rédiger la réponse.

▶▶▶ Enregistrez ce fichier sous le nom **3_10_PR2_«Nom»_«Prénom»** dans votre **espace de stockage (ou ENT)**.

Évaluation du professeur

TP 1. Étudier une série de données

30 min

◆ **Objectif**

Utiliser le tableur pour étudier une série de données.

Difficulté technique .... ★
Difficulté mathématique .... ★

Connaissances mathématiques

- Moyenne d'une série de données
- Étendue d'une série de données
- Médiane d'une série de données

Connaissances techniques

Dans un tableur :

- Connaître le fonctionnement
- Saisir une formule de calcul
- Utiliser des fonctions dans les formules
- Trier des données

Neuf athlètes de neuf nationalités différentes ont participé à un concours de lancer de javelot.
Le tableau ci-contre présente leurs performances.

	A	B	C
1	athlète	nationalité	meilleur lancer (en m)
2	Nicky Larson	Suèdoise	75,35
3	Ollaf Turkublu	Turque	82,68
4	Olivier Martin	Française	68,00
5	Pedro Sanchez	Portugaise	67,85
6	Igor Ekimov	Russe	84,12
7	Mark Pedersen	Danoise	79,78
8	Thor Hangeland	Norvégienne	81,67
9	Yop Litmanen	Finlandaise	80,10
10	Isak Johnson	Américaine	74,50

☐ **1.** Quelle est la performance de l'athlète français ?

....

Dans une feuille de calcul d'un tableur :

☐ **2.** Reproduire le tableau ci-contre.

☐ **3.** Dans la cellule B11, écrire « Moyenne ». Dans la cellule C11, saisir une formule qui permet de calculer la moyenne des lancers enregistrés. *Tableur 1*
Écrire ici la formule saisie : ....

☐ **4.** Quelle est la moyenne obtenue ? ....

☐ **5.** Dans la cellule B12, écrire « Étendue ». Dans la cellule C12, saisir une formule qui permet de calculer l'étendue de cette série de neuf longueurs. *Tableur 6* Écrire ici la formule saisie : ....
Aide : *On peut utiliser les fonctions « MIN » et « MAX » pour calculer l'étendue.*

☐ **6.** Quelle est l'étendue obtenue ? ....

☐ **7.** Sélectionner toutes les données des cellules A1 à C10 et trier ces données dans l'ordre croissant des longueurs des lancers. *Tableur 5*

☐ **8.** Quelle est la longueur médiane de cette série de lancers ? ....

....

☐ **9.** Quel athlète a remporté ce concours de lancers ? ....

☐ **10.** À quelle position se classe l'athlète français ? ....

▸▸▸ Enregistrez ce fichier sous le nom **3_11_TP1_«Nom»_«Prénom»** dans votre **espace de stockage (ou ENT)**.

Évaluation du professeur

TP 2. Étudier une série de données sous forme de tableau

30 min

◆ Objectif

Utiliser le tableur pour étudier une série de données dans un tableau.

Difficulté technique ★★
Difficulté mathématique ★★

Connaissances mathématiques
- Moyenne pondérée

Connaissances techniques
Dans un tableur :
- Connaître le fonctionnement
- Saisir une formule de calcul

Thérèse est boulangère. Sa spécialité est la brioche de Pâques. Durant la semaine de Pâques, de nombreux clients sont venus lui acheter des brioches de différentes tailles.

Le tableau ci-contre présente les ventes réalisées au cours de cette semaine.

	A	B
1	masse de la brioche (en g)	nombre de brioches vendues
2	50	89
3	250	27
4	500	76
5	750	47
6	1000	65
7	2000	12
8	5000	4
9		
10	*nombre total de brioches*	
11	*masse totale*	
12	*masse moyenne*	
13	*masse médiane*	
14	*Quartile 1*	
15	*Quartile 3*	

☐ **1.** Combien de tailles de brioches Thérèse vend-elle ?

....

☐ **2.** Combien Thérèse a-t-elle vendu de brioches de 750 g ?

....

Dans une feuille de calcul d'un tableur :

☐ **3.** Reproduire le tableau ci-contre.

☐ **4.** Dans la cellule B10, saisir une formule qui permet de calculer le nombre total de brioches vendues. *Tableur 1*
Écrire ici la formule saisie : ....

☐ **5.** Quel est ce nombre total de brioches vendues ? ....

☐ **6.** Dans la cellule B11, saisir une formule qui permet de calculer la masse totale des brioches vendues.
Écrire ici la formule saisie : ....

☐ **7.** Quelle est cette masse totale des brioches vendues ? ....

☐ **8.** Dans la cellule B12, saisir une formule qui permet de calculer la masse moyenne d'une brioche vendue.
Écrire ici la formule saisie : ....

☐ **9.** Quelle est cette masse moyenne ? ....

☐ **10.** Quelle est la moitié du nombre de brioches vendues ? ....

☐ **11.** En déduire la masse médiane d'une brioche vendue. Saisir également ce nombre dans la cellule B13. ....

☐ **12.** Calculer 25 %, puis 75 % du nombre total de brioches vendues. ....

....

☐ **13.** En déduire les quartiles 1 et 3 de cette série de masses. Saisir également ces nombres dans les cellules B14 et B15.

....

▸▸▸ Enregistrez ce fichier sous le nom **3_11_TP2_«Nom»_«Prénom»** dans votre **espace de stockage** (ou **ENT**).

Évaluation du professeur

TP 3. Masse salariale

40 min

◆ **Objectif**

Utiliser le tableur pour étudier une série de données.

Difficulté technique .... ★★
Difficulté mathématique .... ★★

Connaissances mathématiques
- Moyenne d'une série de données
- Étendue d'une série de données
- Médiane d'une série de données

Connaissances techniques

Dans un tableur :
- Connaître le fonctionnement
- Saisir une formule de calcul
- Utiliser des fonctions dans les formules
- Trier des données

Le directeur d'un magasin étudie les salaires de ses sept employés. Le tableau ci-contre donne les éléments nécessaires à cette étude.

	A	B	C
1	Nom	Fonction	salaire (en €)
2	V. Martin	chef de rayon	2 450,00 €
3	A.Hache	vendeur	1 450,00 €
4	Y.Robert	vendeur	1 650,00 €
5	C.Milla	vendeur	1 520,00 €
6	I.Defroid	technicien	1 925,00 €
7	A.Alley	technicien	1 700,00 €
8	J.Milles	stagiaire	1 100,00 €

Dans une feuille de calcul d'un tableur :

☐ **1.** Reproduire le tableau ci-contre.

☐ **2.** Dans une cellule vide, saisir une formule qui permet de calculer la masse salariale mensuelle, c'est-à-dire la somme des salaires indiqués. *Tableur 1* Écrire ici la formule saisie : ....

☐ **3.** Quelle est la masse salariale mensuelle de ce magasin ? ....

☐ **4.** Dans une cellule vide, saisir une formule qui permet de calculer le salaire moyen du magasin.
Écrire ici la formule saisie : ....

☐ **5.** Quel est le salaire moyen d'un employé de ce magasin ? ....

☐ **6.** Dans une cellule vide, saisir une formule qui permet de calculer l'étendue des salaires dans ce magasin.
Écrire ici la formule saisie : ....

☐ **7.** Quelle est l'étendue des salaires dans ce magasin ? ....

☐ **8.** Construire un diagramme à barres pour illustrer les différents salaires des employés. *Tableur 4*

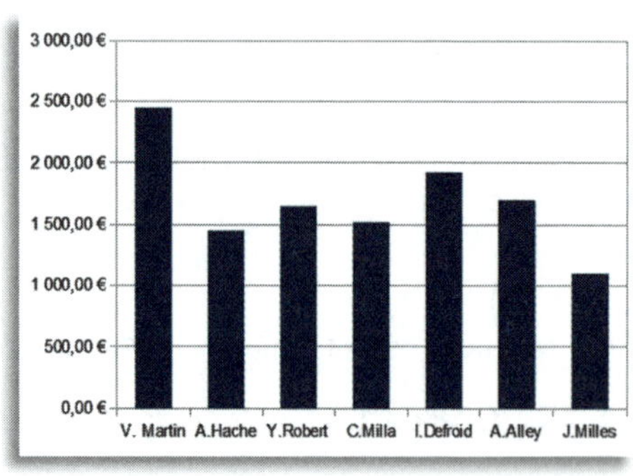

☐ **9.** Déterminer la médiane de cette série de salaires. ....

☐ **10.** Le directeur décide d'augmenter de 100 € le salaire de ses trois vendeurs. Modifier les salaires des trois personnes concernées dans le tableau. Quelles caractéristiques statistiques du bilan salarial se trouvent alors modifiées ? Expliquer.

....

....

☐ **11.** Le directeur décide d'une nouvelle augmentation de 8 % qui concerne cette fois-ci tous ses employés. Il décide également d'embaucher un autre technicien. Il fixe son salaire et remarque que le salaire moyen est maintenant de 1 900 € exactement. Quel est le salaire de ce nouvel employé ? ....

....

▸▸▸ Enregistrez ce fichier sous le nom **3_11_TP3_«Nom»_«Prénom»** dans votre **espace de stockage (ou ENT)**.

Évaluation du professeur

Problème 1. Le dernier devoir

20 min — Vidéo

◆ **Objectif**
Utiliser le tableur pour résoudre un problème de recherche de données.

Difficulté technique .... ★★
Difficulté mathématique .... ★★

Le diagramme suivant présente toutes les notes sur 20 obtenues par Victor en mathématiques depuis le début de l'année.

■ **Quelle note doit-il obtenir au dernier devoir pour avoir une moyenne exactement égale à 11 ?**

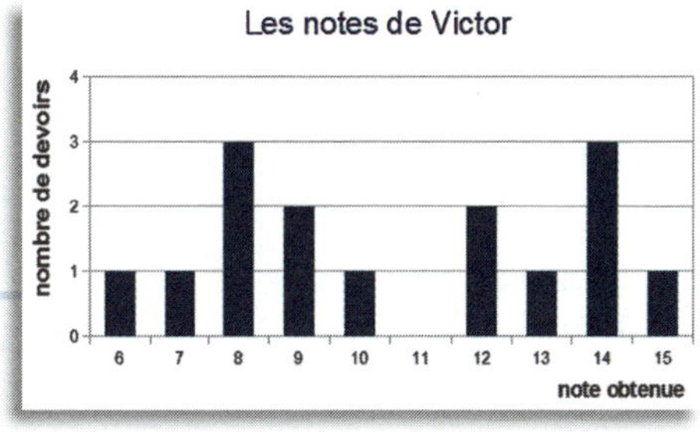

Utiliser ce cadre pour rédiger la réponse.

▸▸▸ Enregistrez ce fichier sous le nom **3_11_PR1_«Nom»_«Prénom»** dans votre **espace de stockage** (ou ENT).

Évaluation du professeur

Problème 2. Les données manquantes

20 min — Vidéo

◆ **Objectif**
Utiliser le tableur pour résoudre un problème de recherche de données.

Difficulté technique .... ★★
Difficulté mathématique .... ★★

La série ci-dessous comportait huit données, mais deux d'entre elles ont été effacées :
112 — 154 — 36 — 458 — …… — 264 — …… — 246

■ **Retrouver les deux valeurs manquantes sachant que la moyenne de cette série de huit valeurs est 220 et sa médiane 211.**

Utiliser ce cadre pour rédiger la réponse.

▸▸▸ Enregistrez ce fichier sous le nom **3_11_PR2_«Nom»_«Prénom»** dans votre **espace de stockage** (ou ENT).

Évaluation du professeur

TP 1. Fréquence de réalisation d'un événement

20 min

◆ Objectif

Utiliser le tableur pour calculer les fréquences d'une série statistique et en déduire les probabilités de certains événements.

Difficulté technique .... ★
Difficulté mathématique .... ★

Connaissances mathématiques
- Calcul d'effectifs et de fréquences
- Notion de probabilités

Connaissances techniques

Dans un tableur :
- Connaître le fonctionnement
- Saisir une formule de calcul
- Copier une formule (références relatives)

Martin reçoit un énorme paquet contenant des bonbons de cinq couleurs différentes. Il y a 112 bonbons rouges, 126 bonbons verts, 78 bonbons bleus, 289 bonbons jaunes et 137 bonbons oranges. Martin choisit un bonbon au hasard sans regarder. Il veut connaître la probabilité que son bonbon soit rouge.

Dans une feuille de calcul d'un tableur :

☐ **1.** Reproduire et compléter les deux premières lignes du tableau ci-dessous :

	A	B	C	D	E	F
1	couleur	rouge	vert	bleu	jaune	orange
2	nombre de bonbons					

☐ **2.** Dans la cellule G2, saisir une formule qui permet de calculer le nombre total de bonbons contenus dans le paquet. *Tableur 1*
Écrire ici la formule saisie : ....

☐ **3.** Quel est le nombre total de bonbons contenus dans le paquet ? ....

☐ **4.** Dans la cellule B3, saisir une formule qui permet de calculer le pourcentage représenté par le nombre de bonbons rouges par rapport au nombre total de bonbons. Écrire ici la formule saisie : ....

☐ **5.** Quel est ce pourcentage ? ....

☐ **6.** Par une méthode analogue, calculer le pourcentage représenté par chacune des autres couleurs. Quels sont ces pourcentages ?

....

....

En utilisant les pourcentages trouvés à la question précédente, répondre aux questions 7, 8 et 9.

☐ **7.** Si Martin choisit un bonbon au hasard sans regarder, quelle est la probabilité que ce bonbon soit rouge ?

....

☐ **8.** Martin pense qu'il a plus de chances de tirer un bonbon jaune que de tirer un bonbon, vert ou orange. A-t-il raison ?

....

☐ **9.** Combien Martin doit-il rajouter au minimum de bonbons bleus dans son paquet pour que la probabilité d'en tirer un au hasard soit au moins de 0,40 ? Justifier la réponse. ....

....

►►► Enregistrez ce fichier sous le nom **3_12_TP1_«Nom»_«Prénom»** dans votre **espace de stockage (ou ENT)**.

Évaluation du professeur

TP 2. Simulation de lancer de dés

40 min

◆ **Objectif**

Utiliser le tableur pour simuler un jeu de lancers de dés.

Difficulté technique .... ★★
Difficulté mathématique .... ★★

Connaissances mathématiques

- Notion de probabilités

Connaissances techniques

Dans un tableur :
- Connaître le fonctionnement
- Saisir une formule de calcul
- Utiliser des fonctions dans les formules
- Copier une formule (références relatives)

Hugo propose un jeu de dés à sa petite sœur Léa. Il utilise trois dés : deux dés à six faces (numérotées de 1 à 6) et un dé à douze faces (numérotées de 1 à 12). Il dit : « Je lance les deux dés à six faces et j'annonce le total des deux dés. Tu lances le dé à douze faces et tu annonces le résultat. On compare nos scores et celui qui a le plus grand total gagne sachant qu'il peut aussi y avoir match nul. » On cherche les probabilités qu'Hugo et Léa ont de gagner à ce jeu.

Dans une feuille de calcul d'un tableur :

☐ **1.** Construire un tableau à quatre colonnes comme celui ci-contre.

	A	B	C	D
1	nombre de jeux	lancer de Hugo	lancer de Léa	gagnant
2	1			

☐ **2.** Dans la colonne A, créer une liste de nombres entiers numérotant les parties. *Tableur 3*

☐ **3.** Dans la cellule B2, saisir une formule qui permet de simuler le lancer des deux dés d'Hugo. *Tableur 1 et 6*
Écrire ici la formule saisie : =ALEA.ENTRE.BORNES(1;6)+ALEA.ENTRE.BORNES(1;6)

Aide : *La fonction* « ALEA.ENTRE.BORNES(1;6) » *renvoie un nombre entier choisi au hasard entre 1 et 6.*

☐ **4.** Dans la cellule C2, saisir une formule qui permet de simuler le lancer du dé de Léa.
Écrire ici la formule saisie : =ALEA.ENTRE.BORNES(1;12)

☐ **5.** Dans la cellule D2, saisir une formule qui permet de tester qui est le vainqueur.
Écrire ici la formule saisie : =SI(B2>C2;"Hugo";SI(B2=C2;"match nul";SI(B2<C2;"Léa")))

Aide : *La fonction* « SI » *du tableur peut être très utile.*

☐ **6.** Recopier les trois formules précédentes dans leur colonne respective de façon à simuler 2 000 parties de ce jeu. *Tableur 2*

☐ **7.** Dans trois cellules vides de la feuille de calcul, saisir des formules qui permettent de calculer, parmi les 2 000 parties, le nombre de victoires d'Hugo, le nombre de victoires de Léa et le nombre de matchs nuls.
– Écrire ici la formule saisie pour le nombre de victoires d'Hugo : =NB.SI(D2:D2001;"Hugo")
– Écrire ici la formule saisie pour le nombre de victoires de Léa : " " "Léa"
– Écrire ici la formule saisie pour le nombre de matchs nuls : " " "match nul"

Aide : *Utiliser la fonction* « NB.SI ».

☐ **8.** Dans trois autres cellules vides, saisir des formules qui permettent de calculer la fréquence des victoires d'Hugo, celle des victoires de Léa et celle des matchs nuls.

☐ **9.** Le jeu semble-t-il équitable ? Expliquer. ....

Aide : F9 *sur Excel ou* Ctrl+Maj+F9 *sur OpenOffice permet d'obtenir de nouveaux tirages aléatoires. On pourra utiliser ceci plusieurs fois et observer l'évolution du pourcentage obtenu.*

☐ **10.** Donner une valeur approchée de la probabilité de victoire d'Hugo et de la probabilité de victoire de Léa.

....

▸▸▸ Enregistrez ce fichier sous le nom **3_12_TP2_«Nom»_«Prénom»** dans votre **espace de stockage (ou ENT)**.

Évaluation du professeur

TP 3. Simulation d'expérience géométrique aléatoire

40 min

◆ **Objectif**

Utiliser le tableur pour simuler une expérience à l'aide des fonctions aléatoires et comparer le résultat obtenu à celui d'une étude théorique.

Difficulté technique .... ★★
Difficulté mathématique .... ★★

Connaissances mathématiques
- Cordonnées d'un point
- Notion de probabilités

Connaissances techniques

Dans un tableur :
- Connaître le fonctionnement
- Saisir une formule de calcul
- Utiliser des fonctions dans les formules
- Copier une formule (références relatives)

UNE APPLICATION

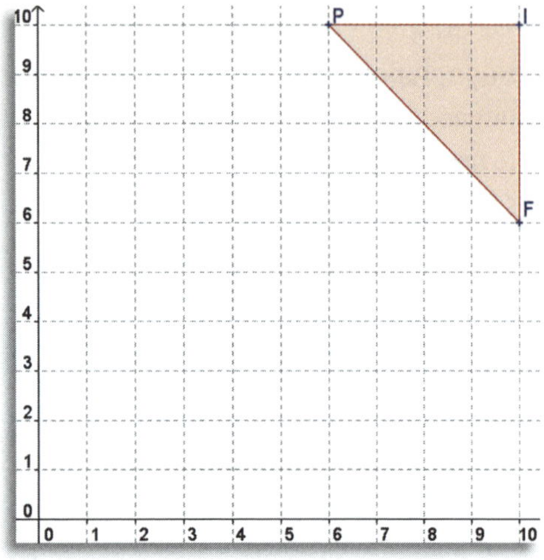

On choisit au hasard, dans le repère et quadrillage ci-contre, un point du plan dont les deux coordonnées sont comprises entre 0 et 10. On cherche la probabilité que ce point soit à l'intérieur (contour compris) du triangle PIF.

☐ **1.** Choisir plusieurs points à l'intérieur du triangle PIF et additionner pour chacun d'eux leur abscisse et leur ordonnée. ....

....

☐ **2.** Quelle semble être la valeur minimale d'une telle somme ?

....

Dans la suite, on admet que dire qu'un point, dont les deux coordonnées sont comprises entre 0 et 10, est à l'intérieur du triangle PIF signifie que la somme de ses coordonnées est supérieure ou égale à 16.

Dans une feuille de calcul d'un tableur :

	A	B	C
1	Points	abscisse	ordonnée
2	point 1		
3	point 2		
4	point 3		

☐ **3.** Construire un tableau à trois colonnes comme celui ci-contre.

☐ **4.** Dans la cellule B2, saisir une formule qui permet d'afficher au hasard des nombres compris entre 0 et 10. *Tableur 1 et 6* Écrire ici la formule saisie : ....

Aide : *On peut utiliser la fonction « ALEA » qui donne au hasard un nombre compris entre 0 et 1.*

☐ **5.** Recopier cette formule sur les colonnes B et C pour obtenir les coordonnées de 2 000 points. *Tableur 2*

☐ **6.** Dans la colonne D, saisir une formule qui permet de calculer, pour chaque point, la somme de ses coordonnées. *Tableur 2*
Écrire ici la formule salsie en D2 : ....

☐ **7.** Dans la colonne E, saisir une formule qui permet de tester, pour chaque point, si la somme de ses coordonnées est supérieure ou égale à 16. Écrire ici la formule saisie en E2 : ....

Aide : *On peut utiliser la fonction « SI » du tableur. Dans un tableur, le signe « supérieur ou égal » se note >=.*

☐ **8.** Dans une cellule vide, saisir une formule qui permet de calculer, parmi les 2 000 points, combien ont une somme de coordonnées supérieure ou égale à 16. Écrire ici la formule saisie : ....

Aide : *On peut utiliser la fonction « NB.SI » du tableur.*

☐ **9.** Combien de points sont à l'intérieur du triangle PIF ? ....

☐ **10.** En déduire le pourcentage de points à l'intérieur du triangle PIF. ....

☐ **11.** En utilisant les aires de la grille et du triangle, calculer la probabilité qu'un point choisi au hasard sur la grille soit à l'intérieur du triangle PIF.

....

▸▸▸ Enregistrez ce fichier sous le nom **3_12_TP3_«Nom»_«Prénom»** dans votre **espace de stockage** (ou ENT).

Évaluation du professeur

Problème 1. Le lièvre et la tortue

20 min — Vidéo

◆ Objectif
Utiliser le tableur pour résoudre un problème de probabilité à l'aide des outils de simulation d'expérience aléatoire.

Difficulté technique ★★
Difficulté mathématique ★★

Un lièvre et une tortue font une course sur un parcours de six cases. Pour savoir qui avance, on lance un dé.
- Si le résultat est différent de 6, la tortue avance d'une case.
- Si le résultat est 6, le lièvre avance de six cases et a gagné.

■ **Qui a le plus de chances de gagner la course ?**

Utiliser ce cadre pour rédiger la réponse.

▸▸▸ Enregistrez ce fichier sous le nom **3_12_PR1_«Nom»_«Prénom»** dans votre **espace de stockage (ou ENT)**.

Évaluation du professeur

Problème 2. La chasse aux canards

20 min — Vidéo

◆ Objectif
Utiliser le tableur pour résoudre un problème de probabilité à l'aide des outils de simulation d'expérience aléatoire.

Difficulté technique ★★★
Difficulté mathématique ★★★

Sept chasseurs se trouvent face à sept canards. Chacun des sept chasseurs choisit au hasard, et sans consulter les six autres, un canard et tire avec succès sur sa cible.

■ **Quel est le nombre moyen de canards survivants ?**

Utiliser ce cadre pour rédiger la réponse.

▸▸▸ Enregistrez ce fichier sous le nom **3_12_PR2_«Nom»_«Prénom»** dans votre **espace de stockage (ou ENT)**.

Évaluation du professeur

Séquence 13 Théorème de Thalès

TP 1. Une nouvelle configuration

40 min

◆ Objectif

Découvrir une nouvelle configuration du théorème de Thalès.

Difficulté technique .... ★
Difficulté mathématique .... ★

Connaissances mathématiques

- Triangle
- Proportionnalité

Connaissances techniques

Dans un logiciel de géométrie dynamique :

- Tracer et déplacer un objet
- Afficher une mesure
- Appliquer une symétrie
- Utiliser le tableur intégré

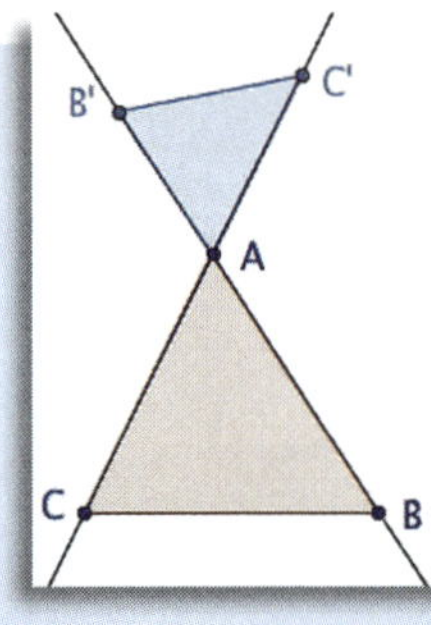

	A	B	C	D	E	F	G
1	Triangle AB'C'	AB'=		AC'=		B'C'=	
2	Triangle ABC	AB=		AC=		BC=	
3							
4							
5							
6							
7							
8							
9							

Dans un logiciel de géométrie dynamique :

☐ **1.** Construire un triangle ABC quelconque. *Géométrie 7*

☐ **2.** Tracer les droites (AB) et (AC). *Géométrie 5*

☐ **3.** Placer un point B′ sur la droite (AB) et un point C′ sur la droite (AC) comme sur la figure ci-contre. *Géométrie 2*

☐ **4.** Construire le triangle AB′C′.

☐ **5.** Ouvrir la fenêtre du tableur GeoGebra et reproduire la feuille de calcul ci-contre. *Géométrie 25*

☐ **6.** Dans la cellule C1, saisir une formule permettant d'afficher la longueur AB′. *Géométrie 25*

☐ **7.** Compléter de même les cellules C2, E1, E2, G1 et G2.

☐ **8.** Dans les cellules C3, E3 et G3, saisir des formules qui permettent de savoir si le tableau ainsi obtenu est un tableau de proportionnalité. Écrire ici la formule saisie en C3 : ....

☐ **9.** Comment semble-t-on devoir placer les points B′ et C′ pour que le tableau soit un tableau de proportionnalité ? On pourra étudier différentes positions des points A, B et C. ....

....

☐ **10.** En quoi cette nouvelle configuration du théorème de Thalès est-elle différente de celle étudiée en classe de quatrième ?

....

☐ **11.** Construire le symétrique du triangle AB′C′ par rapport à A. *Géométrie 22*

☐ **12.** En déduire une preuve de la conjecture formulée à la question **9.** ....

....

....

☐ **13.** Proposer une nouvelle formulation du théorème de Thalès valide également dans cette nouvelle configuration.

....

....

▸▸▸ Enregistrez ce fichier sous le nom **3_13_TP1_«Nom»_«Prénom»** dans votre **espace de stockage** (ou ENT).

Évaluation du professeur

TP 2. Découverte de la réciproque du théorème de Thalès

40 min

◆ Objectif

Découvrir la réciproque du théorème de Thalès.

Difficulté technique .... ★★
Difficulté mathématique .... ★★

Connaissances mathématiques
- Triangle
- Parallélisme
- Proportionnalité

Connaissances techniques

Dans un logiciel de géométrie dynamique :
- Tracer et déplacer un objet
- Utiliser le tableur intégré

Dans un logiciel de géométrie dynamique :

☐ **1.** Construire deux droites sécantes (AB) et (AC). *Géométrie 5*

☐ **2.** Ouvrir la fenêtre du tableur GeoGebra et reproduire la feuille de calcul suivante. *Géométrie 25*

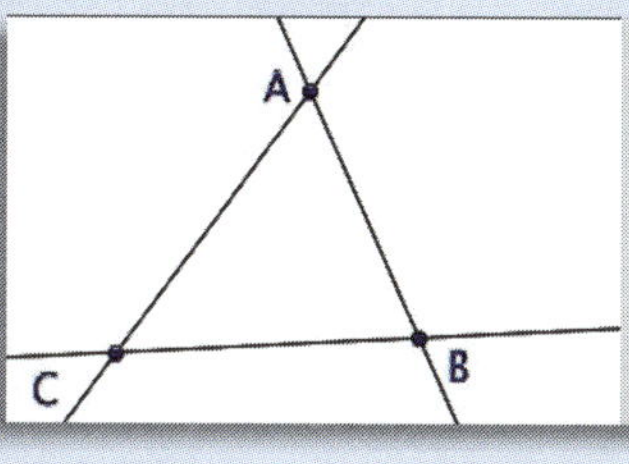

	A	B	C	D	E
1	Triangle AED	AD=		AE=	
2	Triangle ABC	AB=		AC=	
3					
4	Coefficient	2			
5					

☐ **3.** Dans les cellules C2 et E2, saisir des formules permettant d'afficher respectivement les longueurs AB et AC. *Géométrie 25*

☐ **4.** Dans la cellule C1, saisir une formule qui permet de multiplier la longueur AB par le coefficient saisi dans la cellule B4.
Écrire ici la formule saisie : ....

☐ **5.** De même, dans la cellule E1, saisir une formule qui permet de multiplier la longueur AC par le coefficient saisi dans la cellule B4.

☐ **6.** Construire le cercle de centre A et de rayon le nombre inscrit dans la cellule C1. *Géométrie 13*

Aide : *Entrer « C1 » lorsque le logiciel demande le rayon du cercle.*

☐ **7.** Ce cercle coupe la demi-droite [AB) en un point D. Placer ce point D. *Géométrie 3*

☐ **8.** Construire le cercle de centre A et de rayon le nombre compris dans la cellule E1.

☐ **9.** Ce cercle coupe la demi-droite [AC) en un point E. Placer ce point E.

☐ **10.** Cacher les deux cercles et tracer les droites (BC) et (DE). *Géométrie 21*

☐ **11.** Le tableau est-il un tableau de proportionnalité ? Expliquer. ....

....

☐ **12.** Déplacer les points A, B ou C. Les droites (BC) et (DE) semblent-elles parallèles ? ....

....

☐ **13.** Effectuer des tests avec différentes valeurs prises pour le coefficient entré dans la cellule B4. La conjecture établie à la question précédente semble-t-elle toujours vraie ? ....

....

☐ **14.** Cette propriété porte le nom de « Réciproque du théorème de Thalès ». Proposer un énoncé pour cette nouvelle propriété.

....

....

►►► Enregistrez ce fichier sous le nom **3_13_TP2_«Nom»_«Prénom»** dans votre **espace de stockage (ou ENT)**.

Évaluation du professeur

TP 3. La spirale

40 min

◆ **Objectif**

Appliquer le théorème de Thalès pour établir une formule permettant de calculer la longueur d'une spirale.

Difficulté technique .... ★
Difficulté mathématique .... ★★

Connaissances mathématiques

- Repérage dans le plan
- Théorème de Thalès

Connaissances techniques

Dans un logiciel de géométrie dynamique :

- Tracer et déplacer un objet
- Afficher une mesure

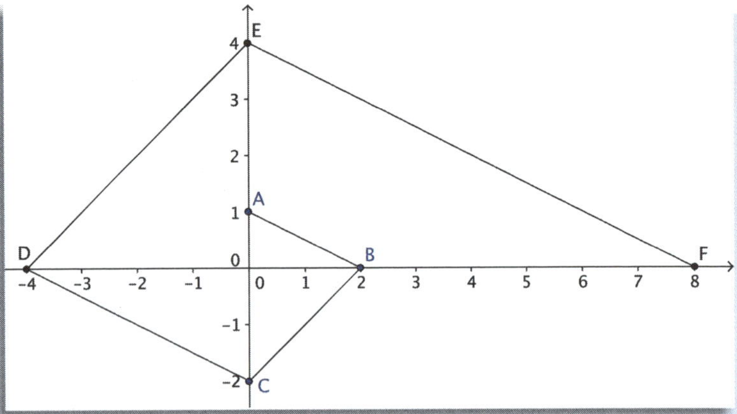

Dans un logiciel de géométrie dynamique :

☐ **1.** Afficher les axes. *Géométrie 23*

☐ **2.** Placer un point A sur l'axe des ordonnées, un point B sur l'axe des abscisses et un point C sur l'axe des ordonnées.

☐ **3.** Déplacer les points A, B et C de façon à ce qu'ils aient les coordonnées suivantes :
A(0 ; 1), B(2 ; 0) et C(0 ; – 2). *Géométrie 1*

☐ **4.** Tracer les segments [AB] et [BC].

☐ **5.** La parallèle à [AB] passant par C coupe l'axe des abscisses en D. Construire le point D, tracer le segment [DC] et cacher la droite parallèle tracée. *Géométrie 9, 3, 5 et 21*

☐ **6.** La parallèle à [BC] passant par D coupe l'axe des ordonnées en E. Construire le point E, tracer le segment [DE] et cacher la droite parallèle tracée.

☐ **7.** Poursuivre ainsi la spirale encore deux fois pour obtenir les points F, G et H.

☐ **8.** En appliquant le théorème de Thalès dans les triangles OAB et OCD, démontrer que CD est le double de AB.

....

....

....

☐ **9.** De même, démontrer que ED est le double de BC. ....

....

....

....

☐ **10.** Exprimer de même EF en fonction de AB. ....

☐ **11.** Démontrer que la longueur de la spirale est égale à 15AB + 7BC. ....

....

☐ **12.** Afficher les longueurs AB et AC et en déduire une valeur approchée de la longueur de la spirale.

....

....

▸▸▸ Enregistrez ce fichier sous le nom **3_13_TP3_«Nom»_«Prénom»** dans votre **espace de stockage** (ou ENT).

Évaluation du professeur

Problème 1. Avec des milieux

40 min

Vidéo

◆ Objectif

Appliquer la réciproque du théorème de Thalès dans une configuration définie par des milieux successifs.

Difficulté technique .... ★
Difficulté mathématique .... ★★

Ci-contre, les droites (AB) et (AC) sont sécantes.
Les points B′ et C′ sont les symétriques respectifs des points B et C par rapport à A.
Le point D est le milieu de [AB′], le point E est le milieu de [AC′], le point F est le milieu de [AE] et le point G est le milieu de [AD].

■ **Que peut-on dire des droites (BC) et (FG) ? Justifier.**

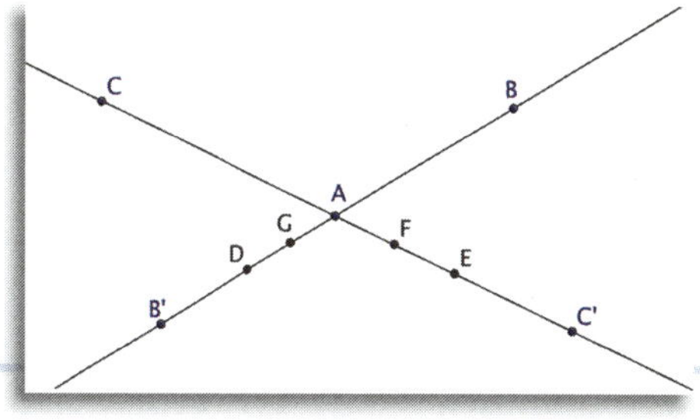

Utiliser ce cadre pour rédiger la réponse.

▸▸▸ Enregistrez ce fichier sous le nom **3_13_PR1_«Nom»_«Prénom»** dans votre **espace de stockage (ou ENT)**.

Évaluation du professeur

Problème 2. Avec des cercles

40 min

◆ Objectif

Découvrir un lieu géométrique et démontrer la conjecture.

Difficulté technique .... ★★
Difficulté mathématique .... ★★★

On considère un cercle de centre A passant par un point B. Le point C est un point quelconque de ce cercle.
Le point F est le milieu du segment [AB]. Le cercle de centre B passant par F recoupe la droite (AB) en D.
La parallèle à la droite (AC) passant par D coupe la droite (BC) en E.

■ **Que peut-on conjecturer sur la position du point E lorsque le point C parcourt le cercle ? Démontrer cette conjecture.**

Utiliser ce cadre pour rédiger la réponse.

▸▸▸ Enregistrez ce fichier sous le nom **3_13_PR2_«Nom»_«Prénom»** dans votre **espace de stockage (ou ENT)**.

Évaluation du professeur

TP 1. Angles inscrits et au centre dans un cercle

40 min

◆ **Objectif**

Définir et utiliser les angles inscrits et au centre dans un cercle afin de conjecturer des propriétés les mettant en relation.

Difficulté technique .... ★★
Difficulté mathématique .... ★

Connaissances mathématiques

- Angles

Connaissances techniques

Dans un logiciel de géométrie dynamique :
- Tracer et déplacer un objet
- Afficher une mesure

Dans un logiciel de géométrie dynamique :

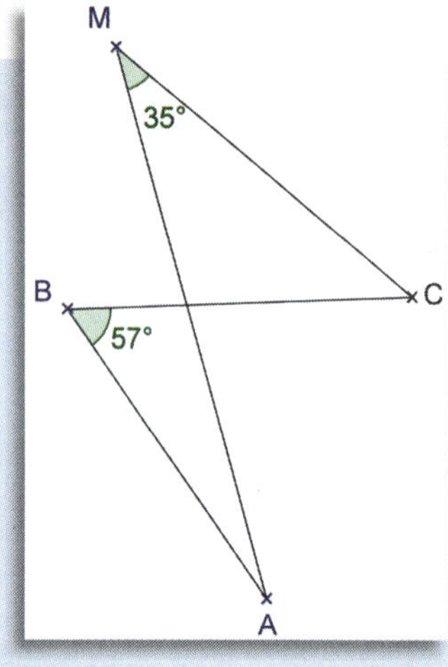

☐ **1.** Tracer un angle $\widehat{ABC}$ mesurant 57°. *Géométrie 15*

☐ **2.** Tracer les segments [BA] et [BC]. *Géométrie 5*

☐ **3.** Placer un point M quelconque n'appartenant pas aux segments [BA] et [BC]. *Géométrie 2*

☐ **4.** Tracer les segments [MA] et [MC].

☐ **5.** Afficher la mesure de l'angle $\widehat{AMC}$. *Géométrie 14*

☐ **6.** Arrondir les mesures d'angles à l'unité.

Aide : *Aller dans* Options, Arrondi *et choisir* 0 décimale.

☐ **7.** Trouver plusieurs positions du point M telles que les angles $\widehat{ABC}$ et $\widehat{AMC}$ soient égaux. *Géométrie 1*

☐ **8.** Activer la trace du point M et déplacer ce point en gardant la mesure de l'angle $\widehat{AMC}$ la plus proche possible de celle de l'angle $\widehat{ABC}$. *Géométrie 20*

☐ **9.** Où le point M semble-t-il devoir se trouver pour que les angles $\widehat{ABC}$ et $\widehat{AMC}$ aient la même mesure ?

....

☐ **10.** Construire le cercle circonscrit au triangle ABC. **Aide :** *On peut utiliser l'outil* Cercle passant par trois points

☐ **11.** Lier le point M à ce cercle. *Géométrie 28*

☐ **12.** La conjecture formulée précédemment semble-t-elle se confirmer ? Énoncer cette conjecture sous la forme d'une propriété.

....

....

☐ **13.** Placer le centre O du cercle circonscrit au triangle ABC. *Géométrie 4*

☐ **14.** Afficher la mesure de l'angle $\widehat{AOC}$.

☐ **15.** Que peut-on conjecturer ? Énoncer cette conjecture sous la forme d'une propriété. ....

....

►►► Enregistrez ce fichier sous le nom **3_14_TP1_«Nom»_«Prénom»** dans votre **espace de stockage (ou ENT)**.

Évaluation du professeur

TP 2. Construction d'une table de valeurs

40 min

◆ **Objectif**

Construire un abaque permettant de connaître rapidement la valeur du cosinus, du sinus ou de la tangente d'un angle dont la mesure est donnée en degrés et en déduire certaines propriétés.

Difficulté technique .... ★★
Difficulté mathématique .... ★★

Connaissances mathématiques

- Cosinus d'un angle aigu
- Sinus d'un angle aigu
- Tangente d'un angle aigu
- Théorème de Pythagore

Connaissances techniques

Dans un tableur :
- Connaître le fonctionnement
- Modifier le format d'une cellule
- Saisir une formule de calcul
- Utiliser des fonctions dans les formules
- Copier une formule (références relatives)

Le but de ce TP est, en partie, de construire un tableau qui permet de retrouver rapidement la valeur du cosinus, du sinus ou de la tangente d'un angle aigu d'un triangle.

	A	B	C	D
1	Angle	Cosinus	Sinus	Tangente
2	1			
3	2			
4	3			

Dans une feuille de calcul d'un tableur :

☐ **1.** Reproduire la première ligne du tableau ci-dessus.

☐ **2.** Dans la colonne A, créer une liste de nombres entiers de 1 à 89 inclus. *Tableur 3*

☐ **3.** Dans la cellule B2, saisir une formule permettant de calculer la valeur du cosinus de l'angle dont la mesure en degrés est affichée dans la cellule A2. *Tableur 1 et 6*

Aide : *On va utiliser la fonction « COS » du tableur mais celle-ci ne travaille qu'avec des angles exprimés en radians (une autre unité d'angle). Il faut donc, dans un premier temps, convertir la mesure de l'angle. Pour cela, on peut utiliser la fonction « RADIANS » du tableur et saisir* =COS(RADIANS(A2)).

☐ **4.** Afficher uniquement quatre décimales dans la cellule B2. **Aide :** *On peut utiliser les boutons suivants* *de la barre d'outils.*

☐ **5.** Recopier la cellule B2 dans les cellules B3 à B90. *Tableur 2*

☐ **6.** De même, dans les colonnes C et D, saisir des formules permettant de calculer le sinus et la tangente de l'angle dont la mesure en degrés est affichée dans la cellule A2. *(On limitera également l'affichage à quatre décimales.)*

Aide : *On peut utiliser les fonctions « SIN » et « TAN » du tableur.*

☐ **7.** Dans la cellule E2, saisir une formule qui permet de calculer le quotient du sinus par le cosinus de l'angle dont la mesure en degrés est affichée en A2 *(afficher uniquement quatre décimales au résultat).*
Écrire ici la formule saisie : ....

☐ **8.** Copier cette formule dans la colonne E.

☐ **9.** Quelle conjecture peut-on formuler ? ....

☐ **10.** Démontrer cette conjecture. ....

....

☐ **11.** En s'inspirant du travail fait précédemment, rechercher et formuler une conjecture sur la somme du carré du sinus et du carré du cosinus d'un même angle. Prouver que cette conjecture est vraie. ....

....

....

▸▸▸ Enregistrez ce fichier sous le nom **3_14_TP2_«Nom»_«Prénom»** dans votre **espace de stockage** (ou **ENT**).

Évaluation du professeur

TP 3. Une égalité à démontrer

40 min

◆ **Objectif**

Émettre une conjecture sur un problème d'angles à l'aide d'un logiciel et la démontrer.

Difficulté technique ★
Difficulté mathématique ★★

Connaissances mathématiques
- Angles inscrits et angle au centre
- Propriétés des triangles isocèles

Connaissances techniques
Dans un logiciel de géométrie dynamique :
- Tracer et déplacer un objet
- Afficher une mesure

Dans un logiciel de géométrie dynamique :

☐ **1.** Tracer un cercle de centre A qui passe par un point B. *Géométrie 12*

☐ **2.** Placer un point C et un point D sur ce cercle. *Géométrie 2*

☐ **3.** Tracer le triangle ACD. *Géométrie 7*

☐ **4.** Marquer l'angle $\widehat{CAD}$ et arrondir sa mesure à l'unité. *Géométrie 14*

Aide : *Aller dans* Options, Arrondi *et choisir* 0 décimale.

☐ **5.** Tracer le cercle de centre C qui passe par D.

☐ **6.** Ce cercle recoupe le premier en un point E. Placer ce point E. *Géométrie 3*

☐ **7.** Tracer le triangle CDE.

☐ **8.** Marquer l'angle $\widehat{DCE}$.

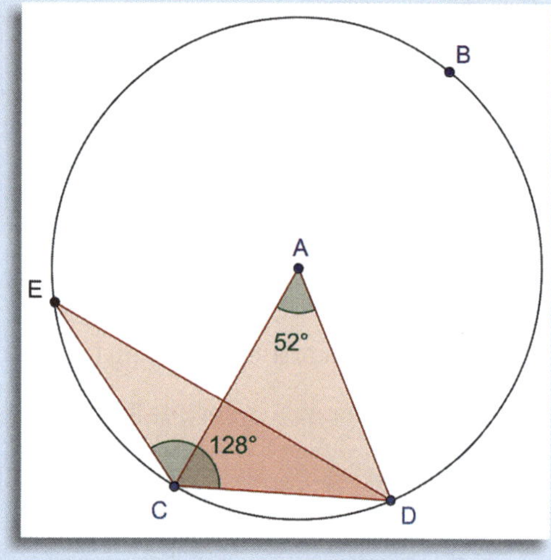

☐ **9.** Déplacer les points C et D. Que peut-on conjecturer à propos des angles $\widehat{CAD}$ et $\widehat{DCE}$?

....

....

☐ **10.** Démontrer que $\widehat{CDE} = \dfrac{\widehat{CAD}}{2}$.

....

....

☐ **11.** Quelle est la nature du triangle CDE ?

....

☐ **12.** Déduire des questions précédentes une preuve de la conjecture formulée à la question **9**.

....

....

☐ **13.** Que peut-on en déduire pour les angles $\widehat{ACE}$ et $\widehat{ADC}$? Expliquer.

....

....

....

▸▸▸ Enregistrez ce fichier sous le nom **3_14_TP3_«Nom»_«Prénom»** dans votre **espace de stockage** (ou **ENT**).

Évaluation du professeur

Problème 1. L'angle double

30 min Vidéo

◆ **Objectif**

Utiliser un logiciel pour trouver la solution d'un problème et rédiger un programme de construction.

Difficulté technique .... ★
Difficulté mathématique .... ★★

Soit ABC un triangle quelconque.

■ **Rédiger un programme de construction permettant de placer un point D sur le segment [AB] tel que** $\widehat{CDA} = 2 \times \widehat{CBA}$.

Utiliser ce cadre pour rédiger la réponse.

▸▸▸ Enregistrez ce fichier sous le nom **3_14_PR1_«Nom»_«Prénom»** dans votre **espace de stockage (ou ENT)**.

Évaluation du professeur

Problème 2. Un lien entre sinus et cosinus

30 min Vidéo

◆ **Objectif**

Découvrir un lien entre le sinus et le cosinus.

Difficulté technique .... ★★
Difficulté mathématique .... ★★

■ **Trouver plusieurs couples de mesures d'angles x et y, comprises entre 0° et 90°, tels que** $\cos x = \sin y$.
Émettre alors une conjecture et la démontrer.

Utiliser ce cadre pour rédiger la réponse.

▸▸▸ Enregistrez ce fichier sous le nom **3_14_PR2_«Nom»_«Prénom»** dans votre **espace de stockage (ou ENT)**.

Évaluation du professeur

Séquence 15 Géométrie dans l'espace

TP 1. Calcul de volumes

30 min

◆ **Objectif**

Utiliser un tableur pour calculer et comparer les volumes de différents solides.

Difficulté technique .... ★
Difficulté mathématique .... ★★

Connaissances mathématiques

- Volume d'un cylindre
- Volume d'un cône
- Volume d'une boule

Connaissances techniques

Dans un tableur :

- Connaître le fonctionnement
- Modifier le format d'une cellule
- Saisir une formule de calcul
- Utiliser des fonctions dans les formules

Dans une feuille de calcul d'un tableur :

	A	B	C
1			Volume
2	Cylindre		706,8583471
3	Rayon de la base	5	
4	Hauteur	9	
5			
6	Cône		183,2595715
7	Rayon de la base	5	
8	Hauteur	7	
9			
10	Boule		523,5987756
11	Rayon	5	

☐ **1.** Reproduire les deux premières colonnes de la feuille de calcul ci-contre ainsi que la première ligne.

☐ **2.** Dans la cellule C2, saisir une formule qui permet de calculer le volume d'un cylindre de révolution dont les dimensions sont données dans les cellules B3 et B4. *Tableur 1* Écrire ici la formule saisie : ....

Aide : *Le nombre π s'obtient en tapant PI().*

☐ **3.** Dans la cellule C6, saisir une formule qui permet de calculer le volume d'un cône de révolution dont les dimensions sont données dans les cellules B7 et B8.
Écrire ici la formule saisie : ....

☐ **4.** Dans la cellule C10, saisir une formule qui permet de calculer le volume d'une boule dont le rayon est donné dans la cellule B11.
Écrire ici la formule saisie : ....

☐ **5.** En utilisant cette feuille de calcul, donner une valeur approchée du volume d'une boule de rayon 7 m. ....

☐ **6.** Le rayon du disque de base d'un cylindre et celui d'une boule sont tous les deux égaux à 7 m. Quelle doit être, au millimètre près, la hauteur de ce cylindre pour que ces deux solides aient le même volume ? ....

☐ **7.** Le rayon du disque de base d'un cône et celui d'une boule sont tous les deux égaux à 7 m. Quelle doit être, au millimètre près, la hauteur de ce cône pour que ces deux solides aient le même volume ? ....

☐ **8.** Quel est, au millimètre près, le rayon d'une boule de volume proche d'un litre ? ....

☐ **9.** Une boule a un rayon de 7 m. Un cylindre et un cône ont une hauteur égale au diamètre de la boule et un disque de base qui a le même rayon que celui de la boule. Quels sont les volumes de ces trois solides ? ....

....

☐ **10.** Que peut-on conjecturer pour ces trois volumes ? ....

....

☐ **11.** Tester cette conjecture avec d'autres rayons pour la boule puis démontrer que cette conjecture est toujours vraie.

....

....

....

▸▸▸ Enregistrez ce fichier sous le nom **3_15_TP1_«Nom»_«Prénom»** dans votre **espace de stockage (ou ENT)**.

Évaluation du professeur

TP 2. Effets d'un agrandissement ou d'une réduction

40 min

◆ **Objectif**

Étudier l'effet d'un agrandissement sur les aires et les volumes.

Difficulté technique .... ★★
Difficulté mathématique .... ★★

Connaissances mathématiques

- Aire d'un rectangle
- Volume d'un pavé droit
- Proportionnalité

Connaissances techniques

Dans un tableur :

- Connaître le fonctionnement
- Modifier le format d'une cellule
- Saisir une formule de calcul
- Copier une formules (références relatives et absolues)

Dans une feuille de calcul d'un tableur :

	A	B	C
1	Coefficient		
2			
3		Pavé droit	Maquette
4	Largeur de la base		
5	Longueur de la base		
6	Hauteur		
7			
8	Aire		
9	Volume		

☐ **1.** Reproduire le tableau ci-contre.

☐ **2.** Saisir les dimensions d'un pavé droit de hauteur 8 cm et dont la base est un rectangle de 6 cm sur 7 cm dans les cellules B4, B5 et B6.

☐ **3.** Dans la cellule B8, saisir une formule qui permet de calculer l'aire de la base du pavé droit.
Écrire ici la formule saisie : ....

☐ **4.** Dans la cellule B9, saisir une formule qui permet de calculer le volume du pavé droit.
Écrire ici la formule saisie : ....

On veut maintenant réaliser une maquette de ce pavé en multipliant ses dimensions par un nombre que l'on appelle le **coefficient d'agrandissement ou de réduction**.

☐ **5.** Dans la cellule B1, saisir le nombre 2.

☐ **6.** Dans la cellule C4, saisir une formule qui permet de multiplier la largeur du pavé, écrite en B4, par le coefficient, entré en B1.

☐ **7.** Copier cette formule dans les cellules C5 et C6.

☐ **8.** Dans les cellules C8 et C9, saisir des formules qui permettent de calculer l'aire et le volume de cette maquette.

☐ **9.** Quand on multiplie les dimensions du pavé par 2, est ce que son aire et son volume sont multipliés par 2 ? Si non, par combien sont-ils multipliés ? ....

☐ **10.** Même question quand on multiplie ses dimensions par 5. ....
....

☐ **11.** Quand on multiplie les dimensions du pavé par 0,5, par quels nombres sont multipliés son aire et son volume ? Dans ce cas, la maquette est-elle un agrandissement ou une réduction du pavé ? ....
....

☐ **12.** Quand on multiplie les dimensions du pavé par un nombre *k*, par combien sont multipliés son aire et son volume ? Expliquer.
....

☐ **13.** Pour quelles valeurs du nombre *k* réalise-t-on un agrandissement et pour quelles valeurs de *k* réalise-t-on une réduction ?
....

▸▸▸ Enregistrez ce fichier sous le nom **3_15_TP2_«Nom»_«Prénom»** dans votre **espace de stockage** (ou ENT).

Évaluation du professeur

TP 3. Pyramide en perspective cavalière

40 min

◆ **Objectif**

Étudier la section d'une pyramide à base triangulaire par un plan parallèle à sa base.

Difficulté technique .... ★
Difficulté mathématique .... ★★

Connaissances mathématiques

- Pyramide
- Agrandissement/Réduction

Connaissances techniques

Dans un logiciel de géométrie dynamique :

- Tracer et déplacer un objet
- Afficher une mesure

Dans un logiciel de géométrie dynamique :

☐ **1.** Tracer un triangle ABC. *Géométrie 1*

☐ **2.** Placer un point D quelconque. *Géométrie 2*

☐ **3.** Tracer les segments [DA], [DB] et [DC]. *Géométrie 5*

☐ **4.** Placer un point E sur le segment [DA].

☐ **5.** Tracer la droite parallèle à [AB] passant par le point E. *Géométrie 9*

☐ **6.** Cette droite coupe le segment [DB] en un point F. Placer ce point F.

☐ **7.** Tracer la droite parallèle à [BC] passant par le point F.

☐ **8.** Cette droite coupe le segment [DC] en un point G. Placer ce point G.

☐ **9.** Masquer les deux droites parallèles précédemment tracées. *Géométrie 21*

☐ **10.** Tracer le triangle EFG et le colorier en bleu.

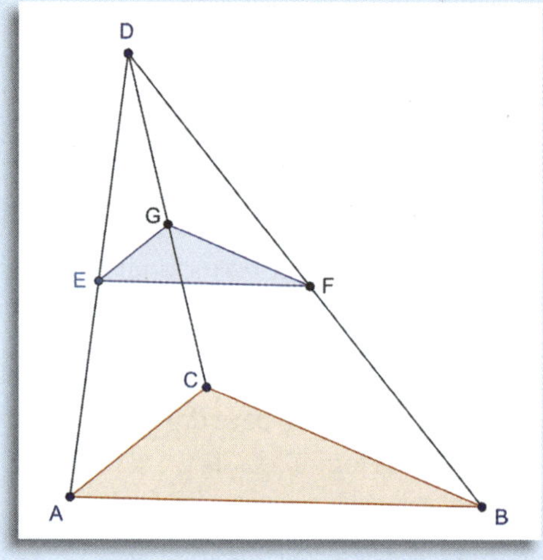

On a ainsi représenté en perspective cavalière une pyramide DABC et sa section EGF par un plan parallèle à sa base ABC.

☐ **11.** Que peut-on dire du triangle EFG par rapport au triangle ABC ?

....

☐ **12.** Afficher les longueurs AB et EF. *Géométrie 16*

☐ **13.** Afficher les aires des triangles ABC et EFG. *Géométrie 17*

☐ **14.** Quelle relation semble exister entre les aires des deux triangles quand la longueur AB est égale au double de la longueur EF ?

....

....

☐ **15.** Quelle relation semble exister entre les aires des deux triangles quand la longueur AB est égale au triple de la longueur EF ?

....

....

☐ **16.** Quelle conjecture peut-on faire ? ....

....

....

▸▸▸ Enregistrez ce fichier sous le nom **3_15_TP3_«Nom»_«Prénom»** dans votre **espace de stockage (ou ENT)**.

Évaluation du professeur

Problème 1. Une boule de 10 litres

20 min — Vidéo

◆ Objectif
Déterminer le rayon d'une boule de volume donné.

Difficulté technique .... ★
Difficulté mathématique .... ★

Loulou va acheter un aquarium qui a la forme d'une boule de 10 litres. Il se demande si cet aquarium entrera dans une case de son meuble de salon.

■ **Pour l'aider, donner, au millimètre près, le rayon d'une boule de 10 litres.**

Utiliser ce cadre pour rédiger la réponse.

▸▸▸ Enregistrez ce fichier sous le nom **3_15_PR1_«Nom»_«Prénom»** dans votre **espace de stockage (ou ENT).**

Évaluation du professeur

Problème 2. Quelle hauteur ?

40 min — Vidéo

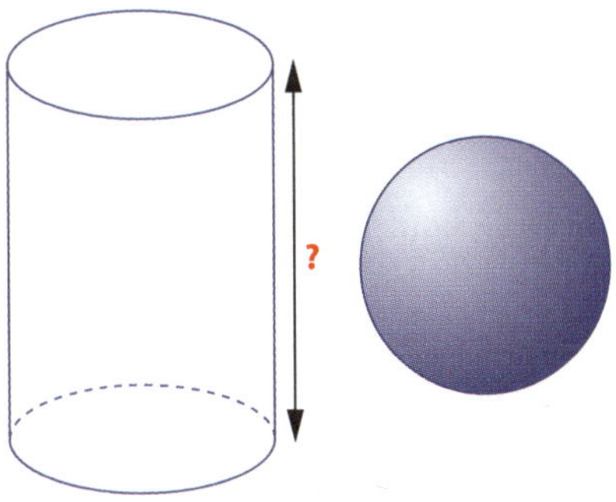

◆ Objectif
Résoudre un problème d'égalité d'aires avec un logiciel.

Difficulté technique .... ★★
Difficulté mathématique .... ★★★

Le rayon du disque de base d'un cylindre est le même que celui d'une sphère.

■ **Quelle doit être la hauteur de ce cylindre pour que sa surface totale soit égale à celle de la sphère ?**

Utiliser ce cadre pour rédiger la réponse.

▸▸▸ Enregistrez ce fichier sous le nom **3_15_PR2_«Nom»_«Prénom»** dans votre **espace de stockage (ou ENT).**

Évaluation du professeur

Valider le B2i

Les différents travaux pratiques de ce cahier peuvent te servir à valider le socle commun de connaissances, en particulier le B2i Collège (Brevet Informatique et Internet).

Tu peux évaluer tes compétences à l'aide de cette grille : ton professeur validera (ou non) tes propositions en fonction du travail fourni.

PALIER 3 > Compétence 4

La maîtrise des techniques usuelles de l'information et de la communication

Le niveau requis au palier 3 pour la maîtrise des techniques usuelles de l'information et de la communication est celui du Brevet Informatique et Internet niveau collège (B2i Collège).

	Auto-évaluation de l'élève	Évaluation de l'enseignant
1. S'approprier un environnement informatique de travail		
Utiliser, gérer des espaces de stockage à disposition.		
Utiliser les périphériques à disposition.		
Utiliser les logiciels et les services à disposition.		
2. Adopter une attitude responsable		
Connaître et respecter les règles élémentaires du droit relatif à sa pratique.		
Protéger sa personne et ses données.		
Faire preuve d'esprit critique face à l'information et à son traitement.		
Participer à des travaux collaboratifs en connaissant les enjeux et en respectant les règles.		
3. Créer, produire, traiter, exploiter des données		
Saisir et mettre en page un texte.		
Traiter une image, un son ou une vidéo.		
Organiser la composition du document, prévoir sa présentation en fonction de sa destination.		
Différencier une situation simulée ou modélisée d'une situation réelle.		
4. S'informer, se documenter		
Consulter des bases de données documentaires en mode simple (plein texte).		
Identifier, trier et évaluer des ressources.		
Chercher et sélectionner l'information demandée.		
5. Communiquer, échanger		
Écrire, envoyer, diffuser, publier.		
Recevoir un commentaire, un message y compris avec pièces jointes.		
Exploiter les spécificités des différentes situations de communication en temps réel ou différé.		

Édition : Béatrice Jovial-Vernet
Couverture : Langage graphique et Pierre Taillemite
Conception graphique : Alexandre Millot
Illustrations : Sébastien Telleschi
Fabrication : Jean-Philippe Dore
Coordination artistique : Alexandre Millot
Réalisation et schémas : STDI
Photographies de couverture : Philippe Guignard/Air-Images – Contreforts Production

Les auteurs et les Éditions Bordas remercient les élèves et l'équipe pédagogique du collège Haxo de la Roche-sur-Yon pour leur accueil et leur participation à la séance de photos de couvertures.

MIXTE
Papier issu de sources responsables
FSC® C022030

N° projet : 10189090
Dépôt légal : mai 2013
Imprimé en France
par Loire Offset Titoulet